主编 中国建设监理协会

中国建设监理与咨询

中国建筑工业出版社

图书在版编目（CIP）数据

中国建设监理与咨询 = CHINA CONSTRUCTION MANAGEMENT and CONSULTING. 44 / 中国建设监理协会主编. —北京：中国建筑工业出版社，2022.6
ISBN 978-7-112-27355-3

Ⅰ.①中… Ⅱ.①中… Ⅲ.①建筑工程—监理工作—研究—中国 Ⅳ.①TU712

中国版本图书馆CIP数据核字（2022）第070684号

责任编辑：费海玲　焦　阳
文字编辑：汪箫仪
责任校对：王　烨

中国建设监理与咨询 44
CHINA CONSTRUCTION MANAGEMENT and CONSULTING

主编　中国建设监理协会

*

中国建筑工业出版社出版、发行（北京海淀三里河路9号）
各地新华书店、建筑书店经销
北京雅盈中佳图文设计公司制版
天津图文方嘉印刷有限公司印刷

*

开本：880毫米×1230毫米　1/16　印张：$7^{1}/_{2}$　字数：300千字
2022年6月第一版　2022年6月第一次印刷
定价：**35.00**元
ISBN 978-7-112-27355-3
（39509）

编辑部

地址：北京海淀区西四环北路 158 号
慧科大厦东区 10B

邮编：100142

电话：（010）68346832

传真：（010）68346832

E-mail：zgjsjlxh@163.com

中国建设监理与咨询

目录 CONTENTS

行业动态

政策法规消息

本期焦点：中国建设监理协会召开全过程工程咨询和政府购买监理巡查服务经验交流会

监理论坛

项目管理与咨询

信息化建设

创新与研究

百家争鸣

中国建设监理协会六届五次理事会顺利召开

2022 年 1 月 19 日，中国建设监理协会召开六届五次理事会，会议采用线上线下相结合的方式进行。

本次会议在中国建设监理协会设主会场，各省、自治区、直辖市建设监理协会及有关行业建设协会监理专业委员会、各分会组织理事线上参会。中国建设监理协会会长王早生，副会长兼秘书长王学军，副会长李明华、李伟、李明安、周金辉，副秘书长温健、王月等协会领导出席了主会场会议，监事长黄先俊列席会议；副会长雷开贵、陈贵、夏冰、孙成、郑立鑫、付静、王岩线上参会；监事朱迎春、白雪峰线上列席会议。会议应参会理事 315 人，实际参会理事 302 人，符合协会章程有关规定，会议由副会长兼秘书长王学军主持。

王早生会长在会上做“关于中国建设监理协会 2021 年工作情况和 2022 年工作计划的报告”。2021 年，协会坚持以习近平新时代中国特色社会主义思想为指导，深入学习宣传贯彻党的十九大和十九届历次全会精神，紧紧围绕行业发展和协会工作实际，创新工作思路，加大工作力度。面对疫情带来的严峻考验，在各位理事及有关协会的大力支持下，协会踔厉奋发，凝心聚力，着力创新会员服务形式，提升会员管理工作水平；完成了政府委托工作、提高行业队伍素质、推动行业高质量发展、做好行业宣传、树立行业形象、加强协会自身建设、提升服务水平等五个方面二十项工作，如期完成 2021 年度各项工作。2022 年，协会将认真落实中央经济工作会议精神和全国住房和城乡建设工作会议精神，坚守“提供服务、反映诉求、规范行为、促进和谐”的发展理念，从加强行业发展研讨、加强行业标准化建设、持续推进行业诚信建设、着力提升会员服务水平、加大行业宣传力度、强化党建引领和加强秘书处自身建设六个方面，引领监理行业高质量发展。坚持以保障质量安全为使命，以改革创新为动力，以市场需求为导向，履行好监理职责，当好工程卫士和建设管家，以优异成绩迎接党的二十大胜利召开。

会议还听取了最新一批发展单位会员的报告和 2021 年发展个人会员情况的报告。

与会的各位理事就上述报告进行审议，并采用现场举手与线上投票相结合的表决方式，通过了《关于中国建设监理协会 2021 年工作情况和 2022 年工作计划的报告》和《关于中国建设监理协会发展单位会员的报告》。

王学军秘书长在会议小结时说，中国建设监理协会之所以能健康顺利成长并取得年度工作成果，离不开党组织的坚强领导，离不开政府部门的业务指导，同时也是协会领导集体和地方协会，行业专业委员会、分会，行业专家和全体会员共同努力的结果，对大家长期以来对协会工作的关心支持表示感谢！希望全体会员始终坚持以习近平新时代中国特色社会主义思想为指导，认真贯彻党的十九大和十九届历次全会精神，顺应建筑业改革形势发展，适应市场需求，提高服务质量，积极推进自律管理，加强标准化建设，努力提升履职能力，共同携手完成协会 2022 年度工作任务，推进行业健康发展，为把我国建设成社会主义现代化强国做出监理人应有的贡献。

会议完成各项议程，取得圆满成功。

《房屋建筑工程监理资料管理标准》转团体标准课题验收会在京顺利召开

2021 年 12 月 29 日，中国建设监理协会委托北京市建设监理协会承担的“房屋建筑工程监理资料管理标准转团体标准”课题验收会在北京召开。会议采用线上线下相结合的方式进行。中国建设监理协会副会长兼秘书长王学军、中国建设监理协会副会长北京市建设监理协会会长李伟、中国建设监理协会专家委员会常务副主任修璐、北京交通大学教授刘伊生、上海市建设工程监理咨询有限公司董事长龚花强（线上）和山东省建设监理协会秘书长陈文（线上）等专家参加验收会议。会议由中国建设监理协会副秘书长温健主持。推荐修璐同志为验收专家组组长。

李伟代表课题组就研究过程、课题成果亮点等进行了详细汇报。该课题结合房屋建筑工程监理工作，明确了工程监理文件资料的形成、分类、规范管理及归档保存等方面要求，提出了工程监理文件资料管理的电子化要求。验收专家组通过听汇报、查资料和质询，认为该课题成果具有较强的实用性、可操作性和创新性，对于规范房屋建筑工程监理行为，提高工程监理工作水平具有重要的参考价值。一致同意“房屋建筑监理工器具配置标准转团体标准”课题通过验收。

中国建设监理协会副会长兼秘书长王学军对课题组取得的研究成果予以肯定，并感谢专家们对行业标准化建设做出的贡献，他指出，资料管理是监理工作的重要组成部分，体现工程监理价值，关系行业健康发展。他建议：该课题要突出重点，强化质量安全资料管理；要重视信息化管理，数字化、信息化与资料管理融合发展；要明确安全生产管理范围，有法规依据；要强化责任担当。他希望课题组按照验收专家提出的意见和建议修改完善课题成果，尽早正式出台《房屋建筑工程监理文件资料管理标准》，促进建设工程监理行业健康发展。

河北省建筑市场发展研究会“危险性较大的分部分项工程监理工作指南（试行）”课题验收会在石家庄召开

2021 年 12 月 23 日，河北省建筑市场发展研究会“危险性较大的分部分项工程监理工作指南（试行）”在石家庄召开。河北省建筑市场发展研究会副会长张森林等有关领导出席会议，会议由河北省建筑市场发展研究会秘书长穆彩霞主持。课题验收专家石家庄汇通工程建设监理有限公司正高级工程师吴爱峥、方舟工程管理有限公司高级工程师冯建杰、河北裕华工程项目管理有限公司研究员级高级工程师王国庆、瑞和安惠项目管理集团有限公司高级工程师宋志红、鸿泰融新咨询股份有限公司高级工程师陈艳宝、河北工程建设监理有限公司高级工程师韩胜磊等专家参加课题验收，课题组 11 位专家参加会议。

课题组就课题研究过程和研究内容向课题验收专家进行了汇报，在听取课题研究工作汇报后，验收组专家逐条逐章认真审阅课题资料，对有关问题进行了质询，并提出修改建议。课题验收组专家评议认为，课题组提交的《危险性较大的分部分项工程监理工作指南（试行）》送审资料齐全，内容完整，章节设置合理、层次清楚、条文明确，编写格式合规，《危险性较大的分部分项工程监理工作指南（试行）》编制技术合理，可操作性强，技术内容与现行相关标准协调。课题对危险性较大的分部分项工程安全管理的监理工作进行了具体化、规范化的规定，对危险性较大的分部分项工程安全管理的工作能力建设提供了技术支撑，并对河北省监理行业开展危险性较大的分部分项工程安全管理工作起到指导作用。

河北省建筑市场发展研究会副会长张森林充分肯定了课题组取得的研究成果，在课题编制过程中，课题组专家克服疫情困难，紧抓课题任务，课题工作开展有序，保证了课题质量，对课题组专家为监理行业发展做出的贡献表示感谢。希望课题组按照课题验收专家提出的意见和建议进一步修改完善，争取尽早完成《危险性较大的分部分项工程监理工作指南（试行）》，促进建设工程监理行业健康发展。

（河北省建筑市场发展研究会 供稿）

2021年12月23日—3月25日公布的工程建设标准

序号	标准编号	标准名称	发布日期	实施日期
行标				
1	CJJ/T315—2022	城市信息模型基础平台技术标准	1/19/2022	6/1/2022
2	CJ/T417—2022	低地板有轨电车车辆通用技术条件	2/11/2022	5/1/2022
3	CJJ/T126—2022	城市道路清扫保洁与质量评价标准	2/11/2022	5/1/2022
4	CJ/T543—2022	城市轨道交通计轴设备技术条件	2/11/2022	5/1/2022
5	JG/T577—2022	外墙外保温用防火分隔条	2/11/2022	5/1/2022
6	CJ/T236—2022	城市轨道交通站台屏蔽门	2/11/2022	5/1/2022
7	JGJ/T494—2022	装配式住宅设计选型标准	3/14/2022	4/1/2022
8	JG/T578—2021	装配式建筑用墙板技术要求	12/23/2021	3/1/2022
9	CJ/T544—2021	聚合物透水混凝土	12/23/2021	3/1/2022
10	JG/T576—2021	防水卷材屋面用机械固定件	12/23/2021	3/1/2022

住房和城乡建设行政处罚程序规定

国发〔2021〕7号

（2022年3月10日中华人民共和国住房和城乡建设部令第55号公布　自2022年5月1日起施行）

第一章　总则

第一条　为保障和监督住房和城乡建设行政执法机关有效实施行政处罚，保护公民、法人或者其他组织的合法权益，促进住房和城乡建设行政执法工作规范化，根据《中华人民共和国行政处罚法》等法律法规，结合住房和城乡建设工作实际，制定本规定。

第二条　住房和城乡建设行政执法机关（以下简称执法机关）对违反相关法律、法规、规章的公民、法人或者其他组织依法实施行政处罚，适用本规定。

第三条　本规定适用的行政处罚种类包括：

（一）警告、通报批评；

（二）罚款、没收违法所得、没收非法财物；

（三）暂扣许可证件、降低资质等级、吊销许可证件；

（四）限制开展生产经营活动、责令停业整顿、责令停止执业、限制从业；

（五）法律、行政法规规定的其他行政处罚。

第四条　执法机关实施行政处罚，应当遵循公正、公开的原则，坚持处罚与教育相结合，做到认定事实清楚、证据合法充分、适用依据准确、程序合法、处罚适当。

第二章　行政处罚的管辖

第五条　行政处罚由违法行为发生地的执法机关管辖。法律、行政法规、部门规章另有规定的，从其规定。

行政处罚由县级以上地方人民政府执法机关管辖。法律、行政法规另有规定的，从其规定。

第六条　执法机关发现案件不属于本机关管辖的，应当将案件移送有管辖权的行政机关。

行政处罚过程中发生的管辖权争议，应当自发生争议之日起七日内协商解决，并制作保存协商记录；协商不成的，报请共同的上一级行政机关指定管辖。上一级执法机关应当自收到报请材料之日起七日内指定案件的管辖机关。

第七条　执法机关发现违法行为涉嫌犯罪的，应当依法将案件移送司法机关。

第三章　行政处罚的决定

第一节　基本规定

第八条　执法机关应当将本机关负责实施的行政处罚事项、立案依据、实施程序和救济渠道等信息予以公示。

第九条　执法机关应当依法以文字、音像等形式，对行政处罚的启动、调查取证、审核、决定、送达、执行等进行全过程记录，归档保存。

住房和城乡建设行政处罚文书示范文本，由国务院住房和城乡建设主管部门制定。省、自治区、直辖市人民政府执法机关可以参照制定适用于本行政区域的行政处罚文书示范文本。

第十条　执法机关作出具有一定社会影响的行政处罚决定，应当自作出决定之日起七日内依法公开。公开的行政处罚决定信息不得泄露国家秘密。涉及商业秘密和个人隐私的，应当依照有关法律法规规定处理。

公开的行政处罚决定被依法变更、撤销、确认违法或者确认无效的，执法机关应当在三日内撤回行政处罚决定信息并公开说明理由；相关行政处罚决定信息已推送至其他行政机关或者有关信用信息平台的，应当依照有关规定及时处理。

第十一条　行政处罚应当由两名以上具有行政执法资格的执法人员实施，法律另有规定的除外。执法人员应当依照有关规定参加执法培训和考核，取得执法证件。

执法人员在案件调查取证、听取陈述申辩、参加听证、送达执法文书等直接面对当事人或者有关人员的活动中，应当主动出示执法证件。配备统一执法制式服装或者执法标志标识的，应当按照规定着装或者佩戴执法标志标识。

第二节　简易程序

第十二条　违法事实确凿并有法定依据，对公民处以二百元以下、对法人或者其他组织处以三千元以下罚款或者警告的行政处罚的，可以当场作出行政处罚决定。法律另有规定的，从其规定。

第十三条　当场作出行政处罚决定的，执法人员应当向当事人出示执法证件，填写预定格式、编有号码的行政处罚决定书，并当场交付当事人。当事人拒绝签收的，应当在行政处罚决定书上注明。

当事人提出陈述、申辩的，执法人员应当听取当事人的意见，并复核事实、理由和证据。

第十四条　当场作出的行政处罚决定书应当载明当事人的违法行为，行政处罚的种类和依据、罚款数额、时间、地点，申请行政复议、提起行政诉讼的途径和期限以及执法机关名称，并由执法人员签名或者盖章。

执法人员当场作出的行政处罚决定，应当在三日内报所属执法机关备案。

第三节　普通程序

第十五条　执法机关对依据监督检查职权或者通过投诉、举报等途径发现的违法行为线索，应当在十五日内予以核查，情况复杂确实无法按期完成的，经本机关负责人批准，可以延长十日。

经核查，符合下列条件的，应当予以立案：

（一）有初步证据证明存在违法行为；

（二）违法行为属于本机关管辖；

（三）违法行为未超过行政处罚时效。

立案应当填写立案审批表，附上相关材料，报本机关负责人批准。

立案前核查或者监督检查过程中依法取得的证据材料，可以作为案件的证据使用。

第十六条　执法人员询问当事人及有关人员，应当个别进行并制作笔录，笔录经被询问人核对、修改差错、补充遗漏后，由被询问人逐页签名或者盖章。

第十七条　执法人员收集、调取的书证、物证应当是原件、原物。调取原件、原物有困难的，可以提取复制件、影印件或者抄录件，也可以拍摄或者制作足以反映原件、原物外形或者内容的照片、录像。复制件、影印件、抄录件和照片、录像应当标明经核对与原件或者原物一致，并由证据提供人、执法人员签名或者盖章。

提取物证应当有当事人在场，对所提取的物证应当开具物品清单，由执法人员和当事人签名或者盖章，各执一份。无法找到当事人，或者当事人在场确有困难、拒绝到场、拒绝签字的，执法人员可以邀请有关基层组织的代表或者无利害关系的其他人到场见证，也可以用录像等方式进行记录，依照有关规定提取物证。

对违法嫌疑物品或者场所进行检查时，应当通知当事人在场，并制作现场笔录，载明时间、地点、事件等内容，由执法人员、当事人签名或者盖章。无法找到当事人，或者当事人在场确有困难、拒绝到场、拒绝签字的，应当用录像等方式记录检查过程并在现场笔录中注明。

第十八条　为了查明案情，需要进行检测、检验、鉴定的，执法机关应当依法委托具备相应条件的机构进行。检测、检验、鉴定结果应当告知当事人。

执法机关因实施行政处罚的需要，可以向有关机关出具协助函，请求有关机关协助进行调查取证等。

第十九条　执法机关查处违法行为过程中，在证据可能灭失或者以后难以取得的情况下，经本机关负责人批准，可以对证据先行登记保存。

先行登记保存证据，应当当场清点，开具清单，标注物品的名称、数量、规格、型号、保存地点等信息，清单由执法人员和当事人签名或者盖章，各执一份。当事人拒绝签字的，执法人员在执法文书中注明，并通过录像等方式保留相应证据。先行登记保存期间，当事人或者有关人员不得销毁或者转移证据。

对于先行登记保存的证据，应当在七日内作出以下处理决定：

（一）根据情况及时采取记录、复制、拍照、录像等证据保全措施；

（二）需要检测、检验、鉴定的，送交检测、检验、鉴定；

（三）依据有关法律、法规规定应当采取查封、扣押等行政强制措施的，决定采取行政强制措施；

（四）违法事实成立，依法应当予以没收的，依照法定程序处理；

（五）违法事实不成立，或者违法事实成立但依法不应当予以查封、扣押或者没收的，决定解除先行登记保存措施。

逾期未作出处理决定的，先行登记保存措施自动解除。

第二十条　案件调查终结，执法人员应当制作书面案件调查终结报告。

案件调查终结报告的内容包括：当事人的基本情况、案件来源及调查经过、调查认定的事实及主要证据、行政处罚意见及依据、裁量基准的运用及理由等。

对涉及生产安全事故的案件，执法人员应当依据经批复的事故调查报告认定有关情况。

第二十一条　行政处罚决定作出前，执法机关应当制作行政处罚意见告知文书，告知当事人拟作出的行政处罚内容及事实、理由、依据以及当事人依法享有的陈述权、申辩权。拟作出的行政处罚属于听证范围的，还应当告知当事人有要求听证的权利。

第二十二条　执法机关必须充分听取当事人的意见，对当事人提出的事实、理由和证据进行复核，并制作书面复核意见。当事人提出的事实、理由或者证据成立的，执法机关应当予以采纳，不得因当事人陈述、申辩而给予更重的处罚。

当事人自行政处罚意见告知文书送达之日起五日内，未行使陈述权、申辩权，视为放弃此权利。

第二十三条　在作出《中华人民共和国行政处罚法》第五十八条规定情形的行政处罚决定前，执法人员应当将案件调查终结报告连同案件材料，提交执法机关负责法制审核工作的机构，由法制审核人员进行重大执法决定法制审核。未经法制审核或者审核未通过的，不得作出决定。

第二十四条　执法机关负责法制审核工作的机构接到审核材料后，应当登记并审核以下内容：

（一）行政处罚主体是否合法，行政执法人员是否具备执法资格；

（二）行政处罚程序是否合法；

（三）当事人基本情况、案件事实是否清楚，证据是否合法充分；

（四）适用法律、法规、规章是否准确，裁量基准运用是否适当；

（五）是否超越执法机关法定权限；

（六）行政处罚文书是否完备、规范；

（七）违法行为是否涉嫌犯罪、需要移送司法机关；

（八）法律、法规规定应当审核的其他内容。

第二十五条　执法机关负责法制审核工作的机构应当自收到审核材料之日起十日内完成审核，并提出以下书面意见：

（一）对事实清楚、证据合法充分、适用依据准确、处罚适当、程序合法的案件，同意处罚意见；

（二）对事实不清、证据不足的案件，建议补充调查；

（三）对适用依据不准确、处罚不当、程序不合法的案件，建议改正；

（四）对超出法定权限的案件，建议按有关规定移送。

对执法机关负责法制审核工作的机构提出的意见，执法人员应当进行研究，作出相应处理后再次报送法制审核。

第二十六条　执法机关负责人应当对案件调查结果进行审查，根据不同情况，分别作出如下决定：

（一）确有应受行政处罚的违法行为的，根据情节轻重及具体情况，作出行政处罚决定；

（二）违法行为轻微，依法可以不予行政处罚的，不予行政处罚；

（三）违法事实不能成立的，不予行政处罚；

（四）违法行为涉嫌犯罪的，移送司

法机关。

对情节复杂或者重大违法行为给予行政处罚，执法机关负责人应当集体讨论决定。

第二十七条　执法机关对当事人作出行政处罚，应当制作行政处罚决定书。行政处罚决定书应当载明下列事项：

（一）当事人的姓名或者名称、地址；

（二）违反法律、法规、规章的事实和证据；

（三）行政处罚的种类和依据；

（四）行政处罚的履行方式和期限；

（五）申请行政复议、提起行政诉讼的途径和期限；

（六）作出行政处罚决定的执法机关名称和作出决定的日期。

行政处罚决定书必须盖有作出行政处罚决定的执法机关的印章。

第二十八条　行政处罚决定生效后，任何人不得擅自变更或者撤销。作出行政处罚决定的执法机关发现确需变更或者撤销的，应当依法办理。

行政处罚决定存在未载明决定作出日期等遗漏，对公民、法人或者其他组织的合法权益没有实际影响等情形的，应当予以补正。

行政处罚决定存在文字表述错误或者计算错误等情形，应当予以更正。

执法机关作出补正或者更正的，应当制作补正或者更正文书。

第二十九条　执法机关应当自立案之日起九十日内作出行政处罚决定。因案情复杂或者其他原因，不能在规定期限内作出行政处罚决定的，经本机关负责人批准，可以延长三十日。案情特别复杂或者有其他特殊情况，经延期仍不能作出行政处罚决定的，应当由本机关负责人集体讨论决定是否再次延期，决定再次延期的，再次延长的期限不得超过六十日。

案件处理过程中，听证、检测、检验、鉴定等时间不计入前款规定的期限。

第三十条　案件处理过程中，有下列情形之一，经执法机关负责人批准，中止案件调查：

（一）行政处罚决定须以相关案件的裁判结果或者其他行政决定为依据，而相关案件尚未审结或者其他行政决定尚未作出的；

（二）涉及法律适用等问题，需要报请有权机关作出解释或者确认的；

（三）因不可抗力致使案件暂时无法调查的；

（四）因当事人下落不明致使案件暂时无法调查的；

（五）其他应当中止调查的情形。

中止调查情形消失，执法机关应当及时恢复调查程序。中止调查的时间不计入案件办理期限。

第三十一条　行政处罚案件有下列情形之一，执法人员应当在十五日内填写结案审批表，经本机关负责人批准后，予以结案：

（一）行政处罚决定执行完毕的；

（二）依法终结执行的；

（三）因不能认定违法事实或者违法行为已过行政处罚时效等情形，案件终止调查的；

（四）依法作出不予行政处罚决定的；

（五）其他应予结案的情形。

第四节　听证程序

第三十二条　执法机关在作出较大数额罚款、没收较大数额违法所得、没收较大价值非法财物、降低资质等级、吊销许可证件、责令停业整顿、责令停止执业、限制从业等较重行政处罚决定之前，应当告知当事人有要求听证的权利。

第三十三条　当事人要求听证的，应当自行政处罚意见告知文书送达之日起五日内以书面或者口头方式向执法机关提出。

第三十四条　执法机关应当在举行听证的七日前，通知当事人及有关人员听证的时间、地点。

听证由执法机关指定的非本案调查人员主持，并按以下程序进行：

（一）听证主持人宣布听证纪律和流程，并告知当事人申请回避的权利；

（二）调查人员提出当事人违法的事实、证据和行政处罚建议，并向当事人出示证据；

（三）当事人进行申辩，并对证据的真实性、合法性和关联性进行质证；

（四）调查人员和当事人分别进行总结陈述。

听证应当制作笔录，全面、准确记录调查人员和当事人陈述内容、出示证据和质证等情况。笔录应当由当事人或者其代理人核对无误后签字或者盖章。当事人或者其代理人拒绝签字或者盖章的，由听证主持人在笔录中注明。执法机关应当根据听证笔录，依法作出决定。

第四章　送达与执行

第三十五条　执法机关应当依照《中华人民共和国行政处罚法》《中华人民共和国民事诉讼法》的有关规定送达行政处罚意见告知文书和行政处罚决定书。

执法机关送达行政处罚意见告知文书或者行政处罚决定书，应当直接送交受送达人，由受送达人在送达回证上签名或者盖章，并注明签收日期。签收日期为送达日期。

受送达人拒绝接收行政处罚意见告知文书或者行政处罚决定书的，送达人可以邀请有关基层组织或者所在单位的代表到场见证，在送达回证上注明拒收事由和日期，由送达人、见证人签名或者盖章，把行政处罚意见告知文书或者行政处罚决定书留在受送达人的住所；也可以将行政处罚意见告知文书或者行政处罚决定书留在受送达人的住所，并采取拍照、录像等方式记录送达过程，即视为送达。

第三十六条　行政处罚意见告知文书或者行政处罚决定书直接送达有困难的，按照下列方式送达：

（一）委托当地执法机关代为送达的，依照本规定第三十五条执行；

（二）邮寄送达的，交由邮政企业邮寄。挂号回执上注明的收件日期或者通过中国邮政网站等查询到的收件日期为送达日期。

受送达人下落不明，或者采用本章其他方式无法送达的，执法机关可以通过本机关或者本级人民政府网站公告送达，也可以根据需要在当地主要新闻媒体公告或者在受送达人住所地、经营场所公告送达。

第三十七条　当事人同意以电子方式送达的，应当签订确认书，准确提供用于接收行政处罚意见告知文书、行政处罚决定书和有关文书的传真号码、电子邮箱地址或者即时通讯账号，并提供特定系统发生故障时的备用联系方式。联系方式发生变更的，当事人应当在五日内书面告知执法机关。

当事人同意并签订确认书的，执法机关可以采取相应电子方式送达，并通过拍照、截屏、录音、录像等方式予以记录，传真、电子邮件、即时通讯信息等到达受送达人特定系统的日期为送达日期。

第三十八条　当事人不履行行政处罚决定，执法机关可以依法强制执行或者申请人民法院强制执行。

第三十九条　当事人不服执法机关作出的行政处罚决定，可以依法申请行政复议，也可以依法直接向人民法院提起行政诉讼。

行政复议和行政诉讼期间，行政处罚不停止执行，法律另有规定的除外。

第五章　监督管理

第四十条　结案后，执法人员应当将案件材料依照档案管理的有关规定立卷归档。案卷归档应当一案一卷、材料齐全、规范有序。

案卷材料按照下列类别归档，每一类别按照归档材料形成的时间先后顺序排列：

（一）案源材料、立案审批表；

（二）案件调查终结报告、行政处罚意见告知文书、行政处罚决定书等行政处罚文书及送达回证；

（三）证据材料；

（四）当事人陈述、申辩材料；

（五）听证笔录；

（六）书面复核意见、法制审核意见、集体讨论记录；

（七）执行情况记录、财物处理单据；

（八）其他有关材料。

执法机关应当依照有关规定对本机关和下级执法机关的行政处罚案卷进行评查。

第四十一条　执法机关及其执法人员应当在法定职权范围内依照法定程序从事行政处罚活动。行政处罚没有依据或者实施主体不具有行政主体资格的，行政处罚无效。违反法定程序构成重大且明显违法的，行政处罚无效。

第四十二条　执法机关从事行政处罚活动，应当自觉接受上级执法机关或者有关机关的监督管理。上级执法机关或者有关机关发现下级执法机关违法违规实施行政处罚的，应当依法责令改正，对直接负责的主管人员和有关执法人员给予处分。

第四十三条　对于阻碍执法人员依法行使职权，打击报复执法人员的单位或者个人，由执法机关或者有关机关视情节轻重，依法追究其责任。

第四十四条　执法机关应当对本行政区域内行政处罚案件进行统计。省、自治区、直辖市人民政府执法机关应当在每年3月底前，向国务院住房和城乡建设主管部门报送上一年度行政处罚案件统计数据。

第六章　附则

第四十五条　本规定中有关期间以日计算的，期间开始的日不计算在内。期间不包括行政处罚文书送达在途时间。期间届满的最后一日为法定节假日的，以法定节假日后的第一日为期间届满的日期。

本规定中“三日”“五日”“七日”“十日”“十五日”的规定，是指工作日，不含法定节假日。

第四十六条　本规定自2022年5月1日起施行。1999年2月3日原建设部公布的《建设行政处罚程序暂行规定》同时废止。

本期焦点

中国建设监理协会召开全过程工程咨询和政府购买监理巡查服务经验交流会

为提升监理企业综合性、跨阶段、一体化咨询服务的能力，适应监理服务市场化发展需求，推进监理行业高质量可持续发展，2021 年 12 月 28 日，中国建设监理协会采用线上直播方式召开全过程工程咨询和政府购买监理巡查服务经验交流会。中国建设监理协会会长王早生，副会长兼秘书长王学军，副会长李明安、李伟出席会议开幕式。会议由中国建设监理协会副秘书长温健主持。各省、市以及行业协会都组织了观看，客户端累计观看 61400 人次。

王早生会长做“苦练内功 履职尽责 努力当好工程卫士和建设管家”的报告，阐述了监理的本质，当好工程卫士，做好建设管家，鼓励监理拓宽服务主体范围，引导企业正确理解全过程工程咨询服务概念，希望企业紧密围绕党中央的决策部署，采取“补短板、扩规模、强基础、树正气”的策略，提升监理履职能力，夯实高质量发展基础。

会议共有 8 家企业进行经验交流，在政府购买监理巡查服务方面，邀请山东省住房和城乡建设厅、公诚管理咨询有限公司、安徽远信工程项目管理有限公司、建基工程咨询有限公司进行了分享；在全过程工程咨询服务方面，由广西城建咨询有限公司、晨越建设项目管理集团股份有限公司、湖南省工程建设监理有限公司、承德城建工程项目管理有限公司、云南城市建设工程咨询有限公司做交流发言。

中国建设监理协会副会长兼秘书长王学军做总结发言。他强调监理人要坚持“四个自信，五个精神”，狠抓监理履职能力，将诚信化经营、信息化管理、标准化工作、智能化监理融入实际工作中，积极适应建筑业改革发展形势，为促进建筑业高质量发展贡献力量。

关于印发协会领导在全过程工程咨询和政府购买监理巡查服务经验交流会上讲话的通知

中建监协〔2021〕85号

各省、自治区、直辖市建设监理协会，有关行业建设监理专业委员会，中国建设监理协会各分会：

为进一步落实《国务院办公厅转发住房城乡建设部关于完善质量保障体系 提升建筑工程品质指导意见的通知》（国办函〔2019〕92号）和《国家发展改革委 住房城乡建设部关于推进全过程工程咨询服务发展的指导意见》（发改投资规〔2019〕515号），探索具备条件的工程监理企业向全过程工程咨询服务转型升级和参与政府购买监理巡查服务活动，提升监理企业综合性咨询服务的能力，总结经验做法，促进监理行业高质量发展，2021年12月28日，中国建设监理协会召开线上“全过程工程咨询和政府购买监理巡查服务经验交流会”。现将本次会议上王早生会长和王学军副会长兼秘书长的讲话印发给你们，供参考。

附件：1.苦练内功 履职尽责 努力当好工程卫士和建设管家

2.全过程工程咨询和政府购买监理巡查服务经验交流会上的总结讲话

中国建设监理协会

2021年12月30日

附件1：

苦练内功 履职尽责 努力当好工程卫士和建设管家

中国建设监理协会会长 王早生

（2021 年 12 月 28 日）

各位代表：

大家上午好！今天我们以线上的方式召开“全过程工程咨询和政府购买监理巡查服务经验交流会”，会议将围绕监理企业在承接政府购买监理巡查服务及开展全过程工程咨询服务中的实践经验进行交流，同时邀请了山东省住房和城乡建设厅就政府购买监理巡查服务情况进行介绍。这对于提升监理企业综合性、跨阶段、一体化咨询服务的能力，适应监理服务市场化发展需求，推进监理行业高质量可持续发展，都具有积极的作用。会议首次采用线上的方式召开，一方面是适应疫情防控常态化的新形势，另一方面也可以让更多的监理从业者有机会参与交流。在各单位做经验交流之前，我先谈几点意见，供大家参考。

一、认清形势，找准定位

经过30余年的发展，监理作为工程质量安全的“保护网”，提高工程建设水平和投资效益的“助力器”，有力地推动了工程建设组织实施方式的社会化、专业化进程，对我国建筑工程领域的发展做出了巨大的贡献，其重要性毋庸置疑。近几年，《中共中央国务院关于进一步加强城市规划建设管理工作的若干意见》《国务院办公厅关于促进建筑业持续健康发展的意见》和《中共中央国务院关于深化投融资体制改革的意见》等一系列中央文件又一再强调了工程监理的重要性，体现了国家对监理行业的重视。

随着经济发展进入新常态，供给侧结构性改革、建筑业改革和工程建设组织模式变革的深入推进，建筑业提质增效、转型升级的需求非常紧迫。我们要认清行业发展形势，充分把握国家、社会、人民对工程监理行业的需求，克服发展瓶颈、创新发展优势、强化增长动力，积极转型升级。

监理行业的转型升级高质量发展是一个系统工程，首先我们要搞清楚监理存在的意义、价值和作用是什么。大家常说规划是龙头、设计是灵魂、施工是主体。那么监理是什么？其主要职责又是什么？大家都要思考探讨，达成共识，要向社会宣传监理的作用和价值。“监理”一词顾名思义，一是监督，二是管理。监督是政府监管职能的延伸，体现的是质量安全监管职能，也是政府和社会关注的重点。管理是受业主委托提供有价值的服务，无论是分阶段的服务还是全过程的服务都要体现出我们的专业价值，从而赢得业主信任。监督和管理并不冲突，监理行业要坚持“两条腿”走路，既要和政府紧密联系，协助配合政府承担质量安全监管的专业工作，又要为业主提供优质高效的服务。两者并重，不可偏废。我试着总结了八个字，看看能不能代表监理的本质：“工程卫士，建设管家”，既体现监管的职能，又体现管理的专业。

二、当好工程卫士，助力政府监管

随着城市化进程的不断推进，建筑工程量大面广与政府监管力量不足的矛盾日益显现。2020 年监理统计数据显示，我国境内在建项目 62 万个，而全国质监安监人员数量仅有 5 万余人，远不能满足政府对工程质量安全全过程监管的需求，质量安全生产形势依然严峻。2020 年 9 月，住房和城乡建设部发布《住房和城乡建设部办公厅关于开展政府购买监理巡查服务试点的通知》，在江苏省苏州工业园区、浙江省台州市和衢州市、广东省广州市空港经济区等 5 个城市（区）开展政府购买监理巡查服务试点。承担监理巡查服务的企业采用巡查、抽检等方式，针对建设项目重要部位、关键风险点，抽查工程参建各方履行质量安全责任情况，向政府报告发现的违法违规行为，对质量安全隐患提出处置建议。四川、山东、安徽、西藏等地近几年也开展了多种形式的巡查工作，积累了一定的经验。

试点开展以来，承担监理巡查服务企业凭借在质量和安全生产管理方面的专业优势和丰富的实践经验，为政府提供了专业高效的服务，在管控巡查项目建设的质量和安全方面发挥了重要作用。衢州市累计开展巡查 1125 次，巡查房建项目 1119 个、市政项目 670 个，共发现市场不规范行为风险、质量安全隐患 10462 条。江苏建科工程咨询有限公司作为苏州工业园区政府购买监理第三方巡查单位，累计巡查项目 3381 个，发现工程风险隐患 15353 个，下发 2864 份隐患告知单。安徽远信工程项目管理有限公司自开展第三方巡查业务以来，累计巡查房建及市政项目 1000 余项，发现各类常规隐患 384000 个，重大隐患 190000 个。由此可见，政府通过购买监理巡查服务，能够弥补政府在质量监管人员短缺和专业技术能力上的不足，提高政府监管效率，强化政府对工程建设全过程的质量监管，有效防范化解工程履约和质量安全风险。

在政府购买监理巡查服务模式下，监理巡查服务企业与建设项目各责任主体无隶属关系，能够真正做到公平公正地对建设项目进行客观评估，为政府提供真实、科学的决策依据。比如上海宏波工程咨询管理有限公司在承担上海青浦区水务质监站巡查任务的同时，协助区质监站完善了《水务建设工程项目差别化管理评分表》《单项合同工程监理考核评分细则》等制度性文件。客观审视各方市场主体在工程建设中的作用和地位，发现他们在工程建设过程中的短板和不足，从而进一步细化监管工作，提升监管工作质量。通过总结在巡查服务中发现的普遍性问题，各企业可复制实践到自身管理工作中，开展事前控制相关工作，避免施工过程中各种风险发生。同时监理巡查的是工程所有参建各方履行质量安全责任情况，有助于监理企业拓宽工程管理视野，丰富和提升监理工作经验和业务水平，培养复合型人才。

由于政府购买监理巡查服务尚在试点阶段，还有不少工作要做，如确定服务范围和服务内容，减少不确定性；制定相关的取费标准；明确监理巡查服务的市场定位；制定巡查服务考核标准，保证巡查效果等。相信随着试点的持续推进，与之相匹配的政策也会陆续出台。

政府购买监理巡查服务既符合政府“放管服”改革导向，又满足市场需求，同时也为监理企业多元化发展提供了新的方向。随着政府购买监理巡查服务需求的不断增大也将给监理企业转型升级带来更多的机遇。我们要积极探索监理服务模式，扩大监理服务主体范围，提高监理行业服务能力，发挥我们的社会责任，当好工程卫士。

三、做好建设管家，发力全过程工程咨询

工程监理制度本身就是改革的产物。我们要以改革引领、指导各项工作。改革是我们发展的原动力，从大的方面来说国家在改革，就监理行业来说也在深化改革，比如开展全过程工程咨询服务等。全过程工程咨询有利于增强建设工程内在联系，强化全产业链整体把控，减少管理成本，优化业务流程，提高工作效率，让业主得到完整的建筑产品和服务。这是国际工程咨询通行的一种工程管理服务模式，不论是美国的设计—招标—建造模式和 CM 管理模式，英国的设计—建造模式，或是日本的设计—建造模式和设计—建造—运营模式及 PFI 模式，新加坡的建筑管制专员管理模式，其共同点是所提供的都是综合性、全过程的项目咨询服务，有助于实现业主投资效益的最大化。随着“一带一路”倡议的持续推进，全球化市场竞争环境不断变化，建设单位需要能提供从前期咨询到后期运维一体化服务的专业化咨询队伍。在一体化服务的过程中，监理属于其中极其重要的一个环节，监理企业开展全过程工程咨询有助于我国工程咨询行业的全面提升。

监理企业对工程建设全过程咨询服务概念要有正确的理解。要充分认识到工程建设阶段是有限和确定的，但全过程咨询服务具体内容是无限的和不确定的。市场需求的具体内容是变化的和不确定的，是随着具体项目内容和市场需要变化的。既可能有技术方面的咨询需求，又可能有投资、经济、管理、法律、文化、环境、资源、市场等方方面面的咨询需求；既可能是项目整体和全过程委托，又可能是部分或单项委托。因此，企业发展工程建设全过程咨询服务应该追求统筹能力、社会资源整合能力以及创新能力的建设。

“全咨服务新天地，管理技术加经济”，这是我对全过程咨询服务的一个朴素的概要描述。“技术”主要是设计的范畴，它的专业性很强，所谓隔行如隔山，设计单位在这方面有优势，值得我们学习。“管理”是我们监理的特长，通用性比较强。“经济”也很重要，尤其在市场经济条件下，不讲经济就不能持久，就不能持续发展。但社会上长期以来比较重视技术，古语说“一招鲜，吃遍天”。重视技术当然是对的。但是，除了技术之外，管理也是非常重要的。一流的技术，二流的管理，那也走不远，甚至会摔跟头。基于以上思考，我提出“管理技术加经济”，也就是说，提供全过程咨询服务，三者缺一不可，三者要尽可能融合。如果一步做不到融合，可以先合作，后组合，最后再深度融合。

全过程工程咨询是监理企业转型升级科学发展的方向。转型升级，并非放弃监理，工程监理与转型升级并不矛盾。有的人认为国家鼓励开展全过程工程咨询就是不要监理了，这种理解是错误的。实际上，监理和全过程工程咨询的终极目标完全一致，都是为了促进建筑业的高质量发展。有条件的监理单位在做好施工阶段监理的基础上，要向上下游拓展服务领域，当前重点是要向上游拓展，为业主提供覆盖工程建设全过程的项目管理服务以及包括前期咨询、招标代理、造价咨询、现场监督、后期运维服务等多元化的“菜单式”工程咨询服务。监理行业应当勇于进取，敢于作为，做好建设管家，争当全过程工程咨询的主力军。

我们协会正在组织编写监理企业开展全过程工程咨询服务指南。在国家推进全过程工程咨询、推进转型升级改革方向的背景下，有针对性地指导我们监理企业如何扬长补短，发挥好作用，利用我们的优势，投身于全过程工程咨询中。

四、苦练内功 推动监理行业高质量发展

无论是承接政府购买监理巡查服务还是发展全过程工程咨询，都为监理行业发展提供了新的思路，我们要结合实际努力探索。因为各地的市场形势不一样、发展阶段不一样、企业自身条件不一样。“行有不得，反求诸己”，解决监理行业最根本的出路，我认为还是要苦练内功，把落脚点放在提高自身的能力上面。一个企业，竞争能力的强弱，最根本的是技术能力的大小。别的企业能干的，你能干；别人不能干的，你也能干。这个企业的发展空间就比较大，就会有经营收益的话语权。所谓万变不离其宗，无论形势怎么发展，市场怎么变化，只要自身能力够强，就一定能在激烈的市场竞争中找到自己的一席之地。监理企业要采取“补短板、扩规模、强基础、树正气”的实打实的措施，提升监理履职能力，夯实高质量发展基础。

（一）补短板，避免硬件缺项

补短板，就是要以发展全过程工程

咨询为目标，补上自己的短板，尤其是要补设计和前期咨询的上游短板。从事全过程咨询服务一定要往上游发展，占领制高点，否则就是一句空话。需要说明的是，监理企业补设计短板，主要目的是开展设计管理、设计咨询和设计优化等工作，而不是为了去做设计的业务，当然能做也不放弃，但那不是我们的第一顺序。我们要充分发挥监理在开展全过程工程咨询服务的优势，并努力成为全过程工程咨询的主力军，把监理企业做强、做优、做大。比如浙江江南工程管理股份有限公司在 2019 年就和浙江大学建筑设计研究院有限公司签订了战略合作协议，其他有些监理企业并购了设计单位，有些引进了设计人才，创建了企业内部的设计部门或设计管理部门，在市场资源、人才资源、技术研发等方面实现优势互补，共同拓展工程咨询市场。

（二）扩规模，增强抗风险能力

发达国家市场经济经过了上百年的发展、竞争，经历了市场的大浪淘沙，每个行业都有龙头企业。相比之下，我们的监理企业数量很多，但单个企业的规模过小，全国约有 14 万监理从业人员，监理企业 1 万家左右，平均每个企业只有一百余人，监理从业人数超过 1000 人的监理企业仅有 62 家。企业规模太小对企业的经营甚至行业的发展产生直接影响，抗风险能力弱，信息化水平低。因此，有条件的监理企业要通过并购重组、收购混改等市场化方式扩大规模，合并“同类”，融合“异类”，提高企业整体能力和水平，掌握行业话语权，增强抗风险能力。

（三）强基础，提升履职能力

工程监理服务能力和水平决定了工程监理行业的未来，服务质量是赢得市场和未来的关键。监理企业只有提高自身的服务能力和管理水平，才能在激烈的竞争中生存和发展。

1. 培养人才，打造学习型组织

监理属于智力密集型行业，监理人员必须具备坚实的理论基础和丰富的实践经验，既要了解经济、法律、技术和管理等多学科理论知识，又要能够公正地提出建议、做出判断和决策，要适应社会和企业发展需求。监理企业应建立人才培养的长效机制，注重人才培养和员工培训。发扬“传帮带”精神，将企业内部优秀的经验做法共享，发挥标准示范作用，打造学习型组织。逐步提高监理人员综合素质，将人才优势转化为市场优势，增强企业实力，满足市场和人才发展的需求，实现持续向前发展。

近期，由浙江建设职业技术学院、浙江省全过程工程咨询与监理管理协会和省内 30 家全过程工程咨询与监理企业联合成立了“浙江省建设工程咨询与监理行业联合学院”。通过行业协会、高校、企业三方形成合力，共同打造行业复合型人才队伍，对行业高质量发展起到了积极促进作用。其他地方也可以借鉴这种模式。

2. 加强信息化建设，助力监管提质增效

我国进入信息化时代，市场竞争日趋激烈，信息化运用在促进企业高效发展、提升企业核心竞争力方面发挥着举足轻重的作用，也是企业实现长期持续发展的重要驱动力。监理企业的决策者应提高思想站位，重视企业信息化建设。以信息化助力企业实现“精前端、强后台”的项目协同管理模式。“精前端”就是借助信息化和智能化的手段，打造信息化智能化项目监理机构，配备具备项目管理技术、领导能力、战略与商务分析能力的精前端人才，提升现场监理履职能力，为业主提供高质量的信息化监理服务。例如通过施工现场巡查穿戴设备、无人机巡查、实时监控、物联网、AI 人工智能等信息系统和装备，实现管理决策有依据、执行记录真实可追溯、问题监督反馈有闭环；通过 BIM 技术从时间、空间维度实现项目进度、质量、造价等要素管理一体化，实现管理可视化、可量化。“强后台”就是要加强企业总部支撑，发挥技术、管理等各种资源支撑的作用，实现信息资源整合统一。通过监理信息化平台和移动通信设备，实现协同工作，及时准确了解项目现场实际工作状态，实现前方有管理后方有支撑的管理模式，不断提升企业后台与前端项目间的高效联动。

（四）树正气，赢得社会信任

“树正气”，就是要加快推进行业诚信体系建设，杜绝吃拿卡要，发挥类似工地上的“纪检”、项目上的“审计”作用，依靠自身优质服务获得市场份额和报酬，实现存在的价值。俗话说“打铁先要自身硬”，监理就得正气突出。协会从会员诚信建设着手，诚信体系基本健全，行规、公约覆盖全体会员，引导会员诚信执业。企业要建立健全基层党组织，将党支部建在项目上，把党的活动与生产经营有机融合起来，为开展廉洁自律从业工作提供组织保障，以党建强引领发展强。

“补短板、扩规模、强基础”三个词强调的是业务，“树正气”强调的是作风。监理这个行业，业务能力当然很重要，但作风更重要。监理行业要围绕这四个关键词做工作，一方面努力提升能力、强化基础，一方面要树正气，改善监理形象，赢得社会信任。

同志们，建筑业改革已进入“深水区”，社会对工程咨询行业的需求更加多元化和专业化。我衷心地希望监理行业认清形势，高质量发展。通过交流经验，加强学习，抓住转型升级发展机遇，扬长补短，当好工程卫士和建设管家，在新时代为工程建设事业的高质量发展做出新的贡献。

谢谢大家！

附件2：

全过程工程咨询和政府购买监理巡查服务经验交流会上的总结讲话

中国建设监理协会副会长兼秘书长 王学军

（2021年12月28日）

同志们：

今天，中国建设监理协会召开全过程工程咨询和政府购买监理巡查服务经验交流会，因新冠肺炎疫情防控需要，本次会议采取线上的方式召开。会上早生会长做“苦练内功 履职尽责 努力当好工程卫士和建设管家”的报告，阐述了监理的本质，鼓励监理拓宽服务主体范围，引导企业正确理解全过程工程咨询服务概念，希望企业紧密围绕党中央的决策部署，采取“补短板、扩规模、强基础、树正气”的策略，提升监理履职能力，夯实高质量发展基础。我们要结合行业发展实际认真思考。

这次会议的交流材料比较丰富，共收到70余篇推荐材料，选出了60余篇汇编成册，今天邀请山东省住房和城乡建设厅和八家企业在线上与大家分享他们的经验与做法：

在政府购买监理巡查服务方面，山东省住房和城乡建设厅工程质量安全监管处副处长就山东省探索推行工程质量安全第三方辅助巡查工作，创新工程质量安全监管模式，促进工程监理企业转型升级方面进行了介绍。广东省的公诚管理咨询有限公司介绍了企业在监理第三方安全巡查服务中的经验，建立了安全巡查从“被动安全到主动安全”的服务理念，建立完善了“三级安全巡查服务体系”，构建和应用信息化管理系统，实现第三方安全巡查的信息化管理，发挥信息系统大数据和分析功能，为安全生产管理和决策提供支撑，并就巡查服务过程中发现的问题提出了行业联动的“6+1”解决方案。安徽远信工程项目管理有限公司介绍了公司10年来承接政府购买监理服务的经验和工作成效，根据经验总结制定了《第三方质量安全巡查标准化管理手册》，并积极参与了团体标准《建设工程第三方质量安全巡查工作标准》的编制工作。河南省的建基工程咨询有限公司结合自身在政府购买监理巡查服务中的实践经验，详细地介绍了项目的组织实施，并介绍了企业自主开发的“企业协同云办公系统”在监理工作中的应用。

在全过程工程咨询服务方面，广西城建咨询有限公司从建筑工程建设项目的不同阶段切入，探讨在全过程工程咨询模式中如何做好投资控制，实现投资目标，确保项目按时按质顺利推进。四川省的晨越建设项目管理集团股份有限公司介绍了其全过程工程咨询发展的历程，从最初的项目管理模式发展到覆盖多领域的全过程工程咨询综合实力百强企业，并结合了具体项目对其开展全过程工程咨询服务中遇到的问题和解决方案及工作成效进行了分享。湖南省工程建设监理有限公司介绍了浏阳市中医医院危急重症大楼建设项目代建模式下全过程工程咨询与代建管理之间的服务边界，并介绍了不同类型项目管理模式下的工作方式，根据实践经验，形成了自身规范的工作流程。承德城建工程项目管理有限公司以河北承德塞罕坝国家冰上训练中心工程项目为实例，介绍了公司在这一功能特殊、质量要求高、进度压力大的2022年北京冬奥会的国家重点工程中，开展全过程工程咨询业务，从管理和技术两个层面，做好全过程工程咨询的统筹管理和项目协同，充分发挥监理作用，柔性管理与刚性监督结合，刚柔并济的工作经验。云南城市建设工程咨询有限公司分享了企业在提供全过程工程咨询服务中的“一项一策划”“一项一架构”“一项一平台”实践经验和理念，及企业运用信息化技术，实现全过程工程咨询服务科技创新。

上述9家单位从政府购买监理巡查服务和全过程工程咨询两个方面与大家分享了他们的经验和做法，值得大家学习和借鉴。由于时间关系，还有50余家单位未在线上交流，我们将把这些优秀的经验做法汇编成电子文档，放在中国建设监理协会官方网站的学习园地中，供大家学习借鉴。

这次交流会，有政府购买监理巡查服务做得比较好的企业介绍经验和做法，还邀请了政府主管部门从政府的角度分享了相关经验和做法，全过程工程咨询取得了相互学习、相互促进、共同发展、提高企业服务水平的目的。这次经验交流会，对未来全过程工程咨询和政府购买监理巡查服务工作将起到积极的促进作用。

下面我讲几点意见供大家参考：

一、增强监理制度自信，保障工程质量安全

工程监理制度作为工程建设基本制度写进《建筑法》中，足以明确国家对监理的重视，对制度的认可。监理制度是改革开放借鉴国外工程管理先进经验，结合我国国情建立的一项工程建设领域重要管理制度之一，从1988年实施至今已有34载，在这34年时间里，监理在确保建设工程质量安全、有效发挥投资进度控制作用等方面做出了重大贡献。当前，社会上出现一些消极评价监理作用的言论，干扰监理行业的健康发展。监理肩负建设工程质量安全监督职责，当前在建筑市场法治不健全、诚信意识薄弱、管理不完全规范、建筑工程量大的情况下，要保障工程质量安全，监理是一支不可或缺的力量，要强化监理作用发挥，认真履行法定监督职责，确保工程质量安全。我们监理队伍要牢固树立监理制度自信、工作自信、能力自信、发展自信，发扬监理人在向业主负责的同时向社会负责、业务求精、坚持原则、勇于奉献、开拓创新的精神。在改革的背景下，坚持不忘初心，强化责任担当，积极拓展业务范围，坚持以人为本、以质量安全为基础、以市场需求为目标、以科技创新驱动监理健康发展。

二、推进监理标准化建设，促进监理合理取费

监理履职好坏与业主的认可授权、施工队伍的配合是分不开的，没有权利的监督管理，难以做到尽责履职。今年，协会受住房和城乡建设部建筑市场监管司委托，开展了“业主方委托监理工作规程”研究，系统地明确了业主委托监理工作的程序、内容和方式，对规范业主委托监理工作、夯实监理责任、规范监理行为、保障监理履职、提升工程质量安全管理水平将起到积极作用。协会计划将“房屋建筑工程监理工作标准”“房屋建筑工程项目监理机构人员配置标准”“房屋建筑监理工器具配置标准”等四个课题成果转为团体标准。今年，结合住房和城乡建设部建筑市场监管司委托的“全过程工程咨询涉及工程监理计价规则研究”课题，协会研究开展了“监理人员职业标准”课题。通过一系列标准编制和出台，达到规范监理工作，提升监理履职能力，提高监理服务质量，为监理合理取费奠定科学基础，进而促进监理行业健康发展。

谈到监理履职保障机制，我认为，一是要建立监理市场淘汰机制，及时将害群之马驱逐出监理行业；二是建立监理履职保障机制，内容是规范业主和施工队伍行为，保障监理合理收入；三是企业内部要建立公平合理的分配机制，通过建立公平分配机制，激发员工积极性，提升监理履职能动性。

三、坚持诚信经营，树立行业良好形象

诚者，天之道也；思诚者，人之道也。重承诺、守信用良好社会风气正在形成，人无信不立，企无信不兴，诚信经营、诚信执业越来越被社会和行业重视。建设行政主管部门也在采取措施促进诚信建设，大部分省市建立了建筑市场监管与诚信信息平台，把企业信用情况向社会公示。有的地方对信用好的企业在招标投标时给予加分，有的地方对信用不好的企业限制进入本地区建筑市场，有的地方加大对信用不好的企业履职行为检查力度等。

为推进工程监理行业诚信体系建设，构建以信用为基础的自律监管机制，维护市场良好秩序，打造诚信工程监理行业，促进行业高质量可持续健康发展。我会去年开展的单位会员信用自评估活动，目前第一轮单位会员信用自评估活动已完成，参与信用自评估的单位会员共有790家，其中80分以上的占94%，但还有部分单位会员因种种原因未能参加自评估活动。希望会员单位要重视诚信建设，积极参加协会开展的信用自评估活动，走诚信发展的道路。协会也将对诚实守信的监理企业和监理人员，利用报刊、网络等媒体进行宣传，弘扬正气，传递正能量，引导监理行业诚信经营，监理人员诚信执业。

四、不断加强业务学习，适应市场对监理技能的需求

今年，协会在“我为会员办实事”工作方面开展了“首问办结”活动，在行业内产生了积极影响，为会员解决了

许多疑难问题。在为个人会员服务方面，协会开通了监理业务免费学习通道，开展了分片区线下业务培训活动，组织编写了《施工现场安全生产管理监理工作》《施工阶段项目管理实务》《全过程工程咨询服务》《装配式建筑监理工作实务》等4本监理人员学习丛书，旨在为监理从业人员提供较好的书面辅导材料，充实监理人员业务知识，拓宽监理人员知识面，提升监理从业人员的专业素质；收集了具有代表性的质量安全典型案例，组织编写了《建设监理警示录》，以增强法治意识，警醒监理人员认真履行职责，减少或杜绝质量安全责任事故的发生。监理企业不要盲目跟风，要根据自身的优势，选择适合自己发展的道路，共同推进监理行业健康发展。

2021年，是不平凡的一年，在建党百年之际，工程监理走过了34年历程，积累了丰富的经验，但随着国家对工程建设组织模式、建造方式、服务模式等改革，工程监理行业发展既面临机遇，也面临严峻挑战，我们要坚持以习近平新时代中国特色社会主义思想为指导，认真贯彻落实党的十九届六中全会精神，埋头苦干提升监理履职能力，毅勇前行将诚信化经营、信息化管理、标准化工作、智能化监理履行到实际工作中，积极适应建筑业改革发展形势，肩负起工程建设质量安全监理的责任，为促进建筑业高质量发展，为将我国建成社会主义现代化强国做出监理人应有的贡献！

谢谢大家！

发言摘要

编者按

在全过程工程咨询和政府购买监理巡查服务经验交流会上，山东省住房和城乡建设厅工程质量安全监管处副处长胡雪晶及其他共8家企业代表在会上做了专题发言。

创新工程质量安全监管模式 促进工程监理企业转型升级——山东省探索推行工程质量安全第三方辅助巡查

山东省住房和城乡建设厅工程质量安全监管处副处长　胡雪晶

山东省住房和城乡建设厅工程质量安全监管处副处长胡雪晶就山东省探索推行工程质量安全第三方辅助巡查工作，创新工程质量安全监管模式，促进工程监理企业转型升级方面进行了介绍。

践行第三方安全巡查服务 促监理服务创新转型

公诚管理咨询有限公司第三方巡查事业部总监　黄剑

公诚管理咨询有限公司黄剑介绍了企业在监理第三方安全巡查服务中的经验，建立了安全巡查从“被动安全到主动安全”的服务理念，建立完善了“三级安全巡查服务体系”，构建和应用信息化管理系统，实现第三方安全巡视的信息化管理，发挥信息系统大数据和分析功能，为安全生产管理和决策提供支撑，并就巡查服务过程中发现的问题提出了行业联动的“6+1”解决方案。

浅谈在承接政府购买监理巡查服务中的实践经验

安徽远信工程项目管理有限公司副总工　孙然

安徽远信工程项目管理有限公司副总工孙然介绍了公司10年来承接政府购买监理服务的经验和工作成效，根据经验总结制定了《第三方质量安全巡查标准化管理手册》，并积极参与编制了《建设工程第三方质量安全巡查工作标准》团体标准。

政府购买第三方服务在工程质量安全巡查中的尝试

建基工程咨询有限公司总裁　黄春晓

建基工程咨询有限公司总裁黄春晓结合临泉县重点局委托常态化第三方巡查工作，详细地介绍了项目的组织实施，并介绍了企业自主开发的“企业协同云办公系统”在监理工作中的应用。

全过程工程咨询项目的投资控制方法——以建筑工程建设项目不同阶段为例

广西城建咨询有限公司副总经理　胡凤群

广西城建咨询有限公司副总经理胡凤群从建筑工程建设项目的不同阶段切入，探讨在全过程工程咨询模式中如何做好投资控制，实现投资目标，确保项目按时按质顺利推进。

晨越全过程工程咨询发展之路

晨越建设项目管理集团股份有限公司董事长　王宏毅

晨越建设项目管理集团股份有限公司董事长王宏毅介绍了晨越全过程工程咨询发展的历程，从最初的项目管理模式发展到覆盖多领域的全过程工程咨询综合实力百强企业，并结合了具体项目对开展全过程工程咨询服务中遇到的问题和解决方案及工作成效进行了分享。

创新流程并理清服务边界来打造满足业主需求的全过程工程咨询

湖南省工程建设监理有限公司副总经理　李杰

湖南省工程建设监理有限公司副总经理李杰介绍了浏阳市中医医院危急重症大楼建设项目代建模式下全过程工程咨询与代建管理之间的服务边界，并介绍了不同类型项目管理模式下的工作方式，根据实践经验，形成了自身规范的工作流程。

弘扬塞罕坝精神 助力冬奥会建设——承德城建工程项目管理有限公司全过程工程咨询经验介绍

承德城建工程项目管理有限公司董事长、总经理　史书利

承德城建工程项目管理有限公司董事长、总经理史书利以河北承德塞罕坝国家冰上项目训练中心工程为实例，介绍了公司在这一功能特殊、质量进度压力大的备训 2022 年北京冬奥会的国家重点工程中，开展全过程工程咨询业务，从管理和技术两个层面，做好全过程工程咨询的统筹管理和项目协同，充分发挥监理作用，柔性管理与刚性监督结合，刚柔并济的工作经验。

YMCC 全过程工程咨询业务在工程建设过程中的应用与探索

云南城市建设工程咨询有限公司技术总监　郑煜

云南城市建设工程咨询有限公司技术总监郑煜分享了企业在提供全过程工程咨询服务中的“一项一策划”“一项一架构”“一项一平台”实践经验和理念，及企业运用信息化技术，实现全过程工程咨询服务科技创新。

工程监理企业在开展全过程工程咨询服务中的实践经验

臧红兵
上海市建设工程咨询有限公司

摘　要：《国务院办公厅转发住房城乡建设部关于完善质量保障体系提升建筑工程品质指导意见的通知》（国办函〔2019〕92号）和《国家发展改革委　住房城乡建设部关于推进全过程工程咨询服务发展的指导意见》（发改投资规〔2019〕515号）发文以来，全国各省市积极进行全过程工程咨询服务的探索和实践。上海市建设工程监理咨询有限公司立足于监理业务，开展多元化工程咨询，向全过程工程咨询服务转型升级并参与政府监管模式。在转型的过程中，面临市场竞争、资质变化影响、人才缺乏和地方准入门槛等诸多挑战，本文旨在通过剖析在开展全咨项目实践中所遇到的问题、应对措施以及经验积累，探讨监理企业通过转型升级成为提供全过程工程咨询服务主力军的路径和方法。

一、全过程工程咨询实践中面临的挑战

（一）市场竞争

自 2017 年以来，国务院办公厅、发展改革委、住房和城乡建设部针对全过程工程咨询下发多个文件，各省市陆续开展试点全过程工程咨询业务，其中以监理企业转型的意愿最为强烈。无论从新签监理合同额和监理收入占比，都呈现出比重持续下降态势。监理企业大多急需整合业务、强化队伍建设、增强企业核心竞争力以突破行业困境。近几年，随着国家政策、区域引导的确定性和全咨项目的增加，原本人均产值高、意愿不强的设计类企业也关注到了其中的机遇，纷纷布局全过程工程咨询板块。咨询类企业（包括投资咨询、造价咨询、招标代理）、设计类企业（包括勘察、设计）和管理类企业（包括项目管理、监理）陆续进入市场抢占市场份额。

（二）区域市场发展不均

受区域发展、经济水平等差异性影响，全国各省市采用全过程工程咨询服务在区域分布上不均衡。数据统计表明，全过程工程咨询首批试点省市（包含北京、上海、江苏、浙江、福建、湖南、广东、四川等）中，以浙江、广东、湖南等省份占比较高，其他省市虽也进行了全过程工程咨询服务的尝试，但推广力度略显不足。由于区域发展的不平衡，企业会向推广力度强、项目多的省市布局，外来企业和本地企业之间的竞争、大型企业间的竞争叠加导致全咨服务没有统一的取费标准，竞争加剧。

（三）资质变化影响

《国务院关于深化“证照分离”改革进一步激发市场主体发展活力的通知》（国发〔2021〕7 号），部署自 2021 年 7 月 1 日起工程造价咨询资质取消、人防工程监理资质取消、工程监理资质范围调整。资质变化对房建项目及造价业务带来了较大影响。

工程监理行业市场竞争白热化、同质化竞争特征明显，市场长期处于红海竞争态势。据统计，市场上综合资质企业数量稳定增加，其他企业资质越来越趋同，未来将进入高质量咨询的时代，服务水平

不具有竞争性的监理企业将越来越难在市场中生存。由此可见，企业从事全过程工程咨询服务，关键是具备提供咨询服务能力，以及与咨询服务内容相应的人才和经验，而不是企业有无相应的资质。

（四）人才缺乏

全过程工程咨询是一种知识密集型的综合服务，在能力要求方面，全过程工程咨询的项目负责人，应满足系统化复合式的咨询服务要求，做到“懂策划、懂设计、懂造价、懂材料、懂施工、懂管理”。整个管理团队应具备从事工程设计、工程施工、工程管理的组织协调能力。监理企业具有较为丰富的组织协调管理能力和现场管理能力，其中相当一部分企业都能够从事多元化的工程咨询服务，集聚了一定的人才，但缺乏前期咨询及技术咨询能力。

随着承接业务量的增加，人力资源不能满足业务量快速增长的需求问题将逐渐凸显。挖掘管理队伍的能力和价值，保障管理工作落实到位，优化人力资源结构，形成多项目间的资源协同，是推动企业全咨服务稳定发展的关键。

（五）高质量服务和多元化业务能力

随着众多“高、大、难、新、尖”项目兴起，建设重任和管理压力逐步提升。以深圳市建筑工务署为典型，其对政府工程集中管理形成了以项目建设为中心的高效管理体系，严格规范的招标择优体系、对标一流的设计管理体系、优质优价的材料设备管理体系、2020 先进建造体系、行业领先的新技术应用体系、奖优罚劣的履约评价体系、全覆盖的廉政风险防控体系、党建为核心的干部队伍管理体系。建设单位高质量服务要求和管理体系，对全过程工程咨询企业专业能力和管理水平提出了很高的要求。

二、监理企业向全过程工程咨询的转型

（一）契合国家相关政策调整

企业的转型升级发展前提需契合国家相关政策调整。以市场化为基础，积极为市场提供多元化服务，满足市场多元化需求；以国际化为导向，提升对国际工程咨询做法的认识，加快与国际接轨。

政府投资项目带头参加全过程工程咨询试点，非政府投资项目自己参与全过程工程咨询试点是贯彻落实国家相关政策指引，也是对当下发达国家和地区先进经验的有机实践，有利于新思路、新体系的发现与发展，并且由此进一步反思与改善，用政府和企业、企业与企业之间相互的正向反馈形成更加良性向上的循环。

（二）培育提供全过程工程咨询的能力

监理企业的转型升级发展方向可分为三个阶段：一是在自身优势板块做精、做尖、做强。在此基础上努力拓展其他领域监理，如超高层、轨道交通、机场航站楼监理、学校、医院、机电监理等；二是形成企业独特的专业监理范围，精湛的管理手段、技术标准和方式方法；三是培育提供全过程工程咨询的能力，开展多元化工程咨询最终形成集工程监理、项目管理、勘察设计咨询、造价咨询、招标代理、可行性研究咨询、BIM 咨询、项目后评价、运营咨询等一站式服务的全国大型工程咨询企业，成为金字塔的塔尖。

（三）优化人力资源结构

企业的转型升级发展措施和员工的自身发展紧密结合，需要不断引进并培养优质人才，加强内部管理，提升服务质量，提高业主满意度，从而实现企业可持续发展。一是大力招聘项目管理、设计管理等全过程咨询相关人才，同时激发监理人员学习动力，助力其能力结构转型；二是强化人才导向战略，进一步扩大全过程咨询团队规模和人员结构；三是调整绩效考核制度，设置与其他业务不同的运营相关考核制度，鼓励承接全咨业务；四是加强理论培训，强化对于全过程工程咨询业务的理解，落实业务实操培训，保证全过程工程咨询服务质量。

（四）全过程工程咨询联合体

除了优化企业内部人力资源结构，监理企业与设计、勘察、造价等其他企业进行联合投标，乃至建立战略合作关系，进行长期合作，共同打造全过程工程咨询联合体，扩宽管理界面，突破传统监理企业局限于施工阶段的瓶颈。通过积累和企业间的交流，拥有一批在设计、施工和工程管理方面具有丰富经验的工程师，形成强大的咨询服务能力。

三、全过程工程咨询模式下监理的作用

（一）工作界面向前延展

监理作为国家法规赋予的五方责任主体之一，需要承担监理的相关法律法规责任。传统的监理工作被定位在施工阶段，往往以施工准备阶段，取得施工许可证前为工作开始的起点。全过程工程咨询从项目决策到建设实施阶段，以市场需求为导向，提供跨阶段咨询服务组合或同一阶段内不同类型咨询服务组合，满足业主方多样化需求。作为全过程工程咨询服务框架体系中重要的组成部分，监理服务需跨出单一服务的概念，将工作界面向前延展，以全生命周期视角，和项目管理团队相互协同，参与到前期投资决策、设计方案比选、设备选

型、承包商采购、场地整备，以及后期项目交付管理、运营管理等工作中。

（二）主动而为

与传统模式下专项管理单独发包的模式相比，全过程工程咨询服务对整个工程项目的管理更具系统性、连续性和完整性。业主方由于自身的能力、特点和关注点不同，对项目建设管理的需求也不同。作为业主方项目管理团队的补足，全过程工程咨询管理团队应具备服务系统性、主动性和责任心。工作界面向前延展也意味着监理团队的角色转变，要求监理主动而为，利用专业的施工管理经验，辅助项目管理团队对建设工程所需的技术、质量、经济、资源、环境等条件进行综合分析，进而推动前期审批事项报批报建、招标投标管理、概预算管理等工作，为建设单位及建设项目带来实实在在的增值服务。

四、政府工程全过程工程咨询创新经验

（一）策划先行

策划文件是项目建设纲领性文件，贯穿着整个项目建设过程，对项目管理的顶层设计有重要意义。要深入细致地了解工程，首先要从项目策划着手。通过项目全过程管控要点和相关落实思路策划，为工程的高效率、高质量建造以及科学可控打下基础。根据不同层级和时段，进行不同深度的策划，大致可分为两个阶段：第一阶段方案侧重项目宏观分析和初步安排，包括项目概况、总体定位、重难点初步分析、建管模式及组织架构、一级进度安排、设计招标策划及设计管理、创新思路等。第二阶段策划方案侧重项目实施管理，包括设计品质管理、招标择优、投资与进度管控、质量与安全管控、材料设备管理、合同管理与履约评价、信息化与标准化管理、全生命周期管理、党建引领与廉政建设、信息公开。

（二）管理创新

在政府工程全过程工程咨询服务实践中，运用创新思维，从全周期管理的视角开展创新点的梳理和筹划。在管理制度方面的探索实践包括，在全过程工程咨询合同中设置项目团队优秀员工绩效考核酬金发放的约定；实施过程履约评价，实施履约动态化管理，实施严管重罚；探索房屋工程施工过程预结算，创新和完善工程项目结算管理制度；开展建设管理信息化研究；安全文明措施费使用和管控的精细化；将施工总承包进度付款比例与总包、施工过程预结算挂钩。

（三）党建引领

以推动项目党组织作用发挥为重点，积极组织开展“党员先锋工程”、创建共产党员突击队、党员科技攻关等活动，强化党性观念、实现典型示范，立足岗位，创先进、争优秀，高扬旗帜，充分发挥党员领导干部的“头雁作用”、基层党组织的战斗堡垒作用和党员的先锋模范作用，推进基层党组织“党建＋标准＋质量＋示范”的创新，打造“支部建在项目上、党旗飘在工地上”的特色党建品牌，通过“党建＋进度、安全质量、文明施工、经济效益、队伍建设、防疫”等活动，提供强有力的政治、思想、组织保证和精神动力。

（四）信息化管理

采用BIM正向设计，应用于项目设计、建造、运维全生命周期。通过对建筑的数据化、信息化模型整合，在项目策划、建造、运行和维护的过程中进行共享和传递，使工程技术人员对各种建筑信息做出正确理解和高效应对，为设计团队以及包括施工、运营单位在内的各方建设主体提供协同工作的基础。利用BIM技术进行方案模拟、场地布置分析模拟、各专业交叉施工模拟等，有效提高施工质量和工程进度。

智慧工地建设，搭建建管全链条平台。具体的应用包含无人机航拍监测、人脸识别实名管理、远程实时视频监控、空气监测及立体降尘喷雾联动系统、特种设备监控、VR安全教育和智慧工地综合预警系统等。借力科技手段，实现业务覆盖、无死角监管以及全面风险管控，助力工程建管提质、提效、提速。

在国家政策的指引下，采用全过程工程咨询的推进方向已经非常明确。从《国务院办公厅关于促进建筑业持续健康发展的意见》（国办发〔2017〕19号）提出至今4年，各地区和企业在全过程工程咨询试点和实践中，对全咨的服务内容、委托方式、酬金计取、合同文本、标准和规范等进行了诸多探索。在这一过程中，监理企业开展全咨业务，需要不断地根据内外部环境变化以及实践经验反馈，从企业架构、工作流程、企业级作业指导、人力资源、管理培训等方面进行调整，强化资源整合、提升项目管理运转效率和管理水平，形成品牌优势。

参考文献

[1] 龚花强．上海市建设工程监理咨询有限公司全咨服务实践及启示，2021．
[2] 何清华．从政策环境、市场环境及业主需求出发，全面审视全过程工程咨询服务模式的推行，2021．
[3] 吴玉珊．建设项目全过程工程咨询理论与实务[M]．北京：中国建筑工业出版社，2018．
[4] 金桂明．全过程工程咨询模式下总监如何转型升级[J]．建设监理，2020（6）：11-12，39．
[5] 周道华．对全过程工程咨询发展进程的探析[J]．建设监理，2020．
[6] 周道华．全过程工程咨询与监理关系[J]．中国建材资讯，2018（6）．
[7] 王磊．全过程工程咨询在实施过程中存在的共性问题及思考[J]．建设监理，2020（7）：1-3，15．
[8] 马林．关于全过程工程咨询实施中存在问题的探讨[J]．建设监理，2020（3）：20-23，58．
[9] 张跃峰．关于监理企业转型发展全过程工程咨询服务的探讨[J]．建设监理，2019（9）：5-7，13．

监理企业开展全过程工程咨询实践
——西咸新区某综合办公楼全咨项目阶段性分析报告

王 欣 杨征购
西安铁一院工程咨询监理有限责任公司

摘 要：本文介绍了西安铁一院工程咨询监理有限责任公司对西咸新区某综合办公楼全咨工程项目的阶段性管理实践，重点对项目管理思路、设计管理实践、监理观念转变进行了阐述，指出了监理企业从事全咨业务必须克服短板，全咨业务要走深走实需要企业落实好顶层设计，进一步阐述构建全咨管理体系和培养复合型人才的紧迫性。

随着《国务院办公厅关于促进建筑业持续健康发展的意见》（国办发〔2017〕19号）和国家发展改革委、住房城乡建设部联合印发《关于推进全过程工程咨询服务发展的指导意见》（发改投资规〔2019〕515号）文件的颁布，工程咨询领域全面推行全过程工程咨询（以下简称“全咨”），给监理企业指明了转型的方向。综合性监理企业如何转？怎么转？成为值得探讨的话题。

西安铁一院工程咨询监理有限责任公司作为中铁第一勘察设计院集团公司所属二级法人公司，拥有监理综合资质和优秀的监理业绩。近年来在持续推进国际项目的同时。积极探索开展全过程工程咨询业务。2021年承揽的西咸新区某综合办公楼工程就是有益的尝试。

一、项目概况

（一）工程概况

西咸新区某综合办公楼一标段全咨项目，为一“回”字形合围结构的建筑物，包括地面建筑和地下建筑，地面建筑为5层裙楼组成的东西南北合围结构，西侧合围建筑上部设计为10层塔楼（总计15层高）。地下建筑设两层地下室。周边室外进行一体化道路及景观绿化。

工程总投资约9亿元（其中建安工程费7亿元），总建筑面积约9.6万m^2，其中地上建筑面积6.3万m^2，地下建筑面积3.3万m^2。主要用途为商务办公、商业配套、展示服务等。

建设总工期18.5个月。采用工程总承包（EPC）模式组织建设。

（二）参建各方信息

如表1所示。

（三）项目特点

本全咨项目是在建设单位完成EPC工程招标，总承包商进场后才组织的全过程工程咨询服务招标。全咨单位介入项目相对较晚。总结本项目有如下特点：

1. 项目建设条件有待进一步完善

虽然EPC总承包商已经进场，但项目报规、报建手续尚未完善。项目建设规划许可证、项目施工许可证有待跟进。设计图纸尚不完备。

2. 功能定位及设计工作不充分性

设计图纸仅提供了部分建筑图和基坑支护图。涉及项目设计功能、方案、材料、设备的核心需求有待进一步确认，全咨单位进场后需要立即采取补救措施。

3. 造价咨询工作难度极大

进场初，设计单位迟迟无法提供初步设计图纸和总概算，使投资控制目标无法确定；造价咨询的目标在于持续性地进行造价的确定与控制、调整与优化。总投资额度无法确定，必然造成造价咨询工作迟滞和被动。而设计阶段恰是投资控制的关键阶段，设计工作的不充分和不完备，给造价咨询工作增加了难度。

（四）全过程工程咨询合同

本项目的全过程工程咨询采用“1+3”模式，即全过程项目管理、设计管理、造价咨询、工程监理；此外需要

参建各方信息汇总表　　表1

项目	承担单位名称
工程名称	西咸新区某综合办公楼一标段
工程地址	西安市西咸新区某新城摆渡村，西侧为泾某路，南侧为泾某大道
建设单位	陕西省西咸新区某新城投资发展有限公司
可研编制单位	陕西某投资管理咨询有限公司
勘察单位	陕西某岩土工程勘察有限公司
EPC工程总承包单位	中国五冶集团有限公司、中国某西北设计研究院有限公司联合体 联合体主办单位（牵头人）：中国五冶集团有限公司 联合体成员（设计单位）：中国某西北设计研究院有限公司 联合体成员（施工单位）：中国五冶集团有限公司
设计单位	中国某西北设计研究院有限公司
全过程咨询单位	中铁第一勘察设计集团有限公司、西安铁一院工程咨询监理有限责任公司联合体
监理单位	西安铁一院工程咨询监理有限责任公司

协助业主办理报建手续、协助招标代理业务。

1. 全过程项目管理

在委托人授权范围内，履行工程建设管理义务（不包括与土地有关的工作），包括项目策划、工程建设手续办理协助、设计管理（含优化）、施工图审查、造价咨询、招标代理协助、施工管理、竣工验收、决算及移交管理、工程保修咨询管理。对整个工程建设质量、进度、投资、安全、合同、信息及组织协调进行全面控制协调管理。

2. 设计管理（含优化）

制定设计管理大纲，对设计全过程的进度、质量、投资进行管理。根据功能需求随时检查并控制设计单位的设计进度、图纸的设计深度及质量，分阶段、分专项对设计成果文件进行审查；组织解决设计问题及设计变更，协商费用变更；对设计成果进行投资控制管理；组织开展设计优化、技术经济比选、限额设计等投资控制措施。

3. 造价咨询

主要负责包括概算审核、预算审核、建设期工程进度款审核、结算审核、决算配合以及全过程跟进建设投资的管理与控制等工作。与本工程项目有关的工程洽商、变更及合同争议、索赔等事项的处置，提出具体的解决措施及方案；制定概算、预算控制方案并实施等工作。

4. 工程监理

主要包括施工准备阶段和施工阶段监理规划、监理实施细则及实施，落实各工序、各部位从方案审核、原材料设备中间验收、工程中间验收到竣工验收所要求的质量控制、进度控制、投资控制、合同管理、信息档案管理、工程协调、安全法定管理等，直至缺陷责任期结束的全面监理工作，与现场管理控制相关的所有工作（拆迁、土地、合规性取证、外部接口工作除外）。

二、全过程工程咨询实践

（一）全咨项目管理总策划

1. 全咨管理总原则

根据工程特点，拟定了全过程咨询按照“项目管理——抓总控；设计管理——深度核查功能，补齐前期工作不足，提供高质量施工图；造价咨询——把控总投资不突破；施工监理——抓执行和落实”的总原则来落实。

2. 全咨管理策划

根据总原则，制定“项目全咨工作大纲”和各专项或专项咨询计划。

“项目全咨工作大纲”解决全咨目标拟定、全咨组织机构设置、全咨总流程、全咨管理总计划、全咨各阶段咨询成果表达方式及深度等问题。

在拟定“项目全咨工作大纲”基础上，先后制定了“设计管理专项计划”“造价咨询专项计划”“监理规划”“协助报建手续、招标手续计划”等二级计划，指导各专项业务开展。

（二）项目管理

全咨单位进场后，以理顺项目合同关系为先导，以合同关系为纽带，建立整个项目管理的建设秩序。

1. 项目合同管理总图

全咨单位进场后，根据建设单位与相关方签订的合同，梳理整个项目的合同关系总图（图1）。

2. 项目管理要素梳理

1）理清合同关系总图后，按照以投资管理为核心，以功能实现来抓规划和设计，以计划为手段，实施质量、进度、投资、安全、风险等管理要素及目标的均衡管理。

2）全咨项目部先后制定“项目管理总计划”，深化“设计管理计划”“施工进度计划”“前期征拆配合一致性协作计划”等二级、三级计划，做到有的放矢，全面掌控。

3）为协助建设单位规避和履行法定责任的，先后编制了“建设单位法定责任分析”，提示和警示风险。

4）同时编制“咨询单位法定责任分析”“监理单位法定责任分析”，提示和督促全咨项目部员工认识到法定责任和法定义务履行是保护自身、保护企业、服务业主的有力武器和法宝。

5）规划和统一现场管理行为，与兄弟标段咨询单位协商一致，与项目质量监督部门沟通，统一发布“项目管理统一用表”，提供用表范本。

6）质量控制、安全法定责任、投资控制、风险管理、合同及信息管理等不仅涉及施工阶段，也延伸到设计阶段，并且做好设计阶段与施工阶段的衔接（施工蓝图审核审批、施工图设计交底、现场实测实量与设计师互动等）。

（三）设计管理

本项目未经初步设计，直接将设计工作推进到施工图阶段（基坑图纸、基础图纸出版），并且已经完成了基坑开挖、降水、支护的施工图设计，所以对于整个项目的投资控制和落实设计要求造成一定的困难。

1. 全咨项目中标后，设计咨询团队第一时间介入工作，期初还曾受到了设计单位的抵制，最终在业主协调之下，设计管理工作才得以展开。

2. 截至目前设计单位出图统计（表2）。

3. 截至9月中旬，全咨项目部总计提出审查咨询意见247条。下面具体分析各咨询意见，并进行分类分析：

1）按照专业统计的咨询意见（图2）。

2）按照设计咨询意见采纳与否分类统计（图3）。

3）按照咨询意见性质分类统计（图4）。

设计管理业务得到了建设单位的认可和充分肯定。

4. 后续的幕墙设计、室内装饰装修设计、室外总体设计、景观园林绿化、泛光照明、外部电源、导向标志等专业或专项设计尚未展开。

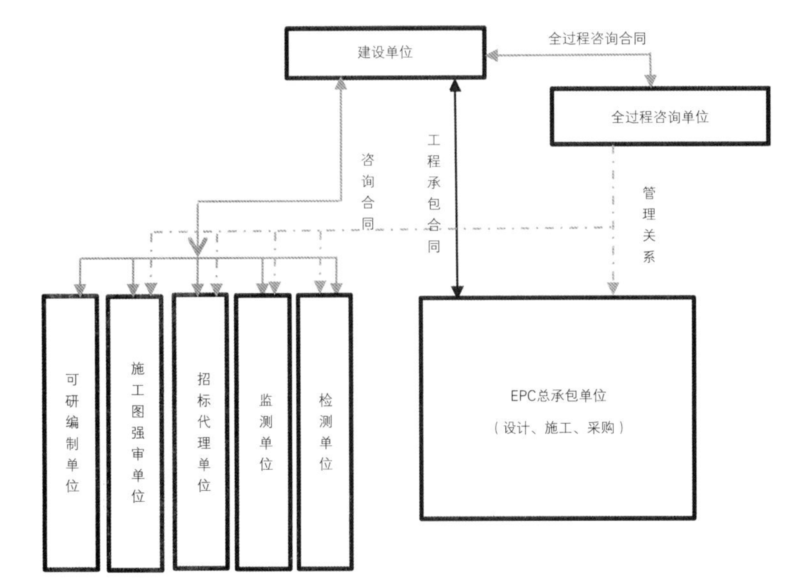

图1　项目合同关系总图

（四）造价咨询

1. 本全咨项目进场后，总承包商联合体成员单位——设计单位已经将设计工作推进到施工图阶段，设计环节缺少初步设计，存在缺项和系统考量。经过多次沟通，设计单位才将设计概算提交我方进场审核，经核查整个建筑缺少建筑智能化的设计方案、缺少会议系统、室外泛光照明、电梯、建筑设备管理系统、停车管理系统、机房工程、充电桩、室外管网和绿化等内容。

2. 随着施工图陆续出版，施工预算总控额度受前期未严格执行设计流程的影响，造成造价咨询工作的混乱。

3. 为建立投资控制秩序，一方面要求设计单位严格编制初设总概算，为造价控制提供基准；另一方面，为服务于现场施工需要，优先对“建筑基坑土方开挖、基坑降水、基坑支护预算”、建筑桩基础、结构底板及正负0.00以下部分施工图预算进行专项审核，将其与可研及设计方案阶段的估算进行对照分析。目前各项工作正在推进中。

（五）工程监理重在转变观念

1. 转变传统的“重质量控制和安全法定责任管理”的监理理念，按照多目标均衡控制要求，做好系统性的“质量、进度、投资三控制，信息及档案、合同管理两管理，相关方协调安全法定管理

设计单位出图信息汇总表　　表2

序号	出版图纸单位	图纸名称及份数	出版时间	用途
1	中冶成都勘察研究总院有限公司	泾河智谷A区基坑支护图（1册）	2021.4.26	基坑临时支护施工图
2	中某西北院	项目报规图纸（3份）	2021.4.28	报规划
3	中某西北院	地下室方案调整图纸（2份）	2021.6.12	报交评
4	中某西北院	项目报建图纸（1份）	2021.6.10	报人防
5	中某西北院	中间版施工图（5份）	2021.4.30	设计咨询及施工准备用图
6	中某西北院	强审版施工图（5份）	2021.7.19	施工图审查
7	中某西北院	正式施工图（5份）	2021.8.30	报消防和施工许可

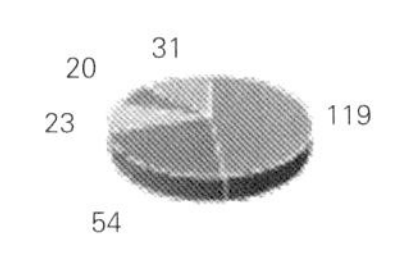

建筑专业（119） 结构专业（54） 给水排水专业（23）
暖通专业（20） 电气专业（31）

图2　设计咨询意见分专业比例关系

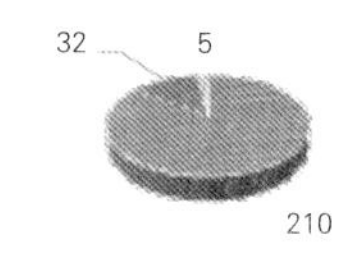

已经采纳融入图纸中（210） 未采纳意见（32）
已错失采纳机会（5）

图3　设计咨询意见采纳情况统计

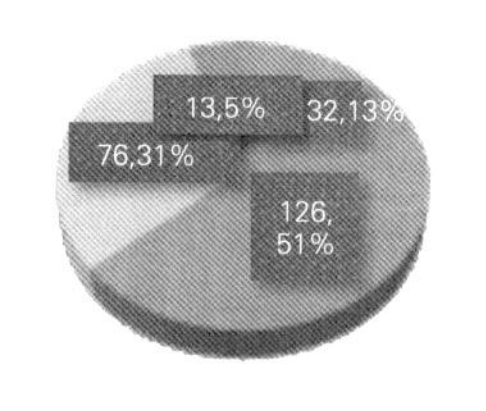

设计不合理问题（32,13%）
完整性不足问题（126,51%）
设计优化意见（76,31%）
设计沟通意见（13,5%）

图4　按设计咨询意见性质分类

责任”。所以，项目管理各要素要求的深度和广度均要覆盖到。

2. 为了实现上述监理目标，做好施工阶段的执行和落实，主要举措有：

1）为进场各参建单位立规矩：EPC总承包商对场地管理、施工管理全面负责，各专业分包商、设备材料供应商、专业检测单位等服务商进场履行“双报备”制度（向全咨单位、总承包单位报备）。所有进场人员、设备、运行或工作状态，EPC总承包商必须全面掌握和负责。

2）严格落实开工条件，督促和跟进施工许可证的办理，并向建设单位提出“分阶段办理施工许可证”的请求和建议，向承包商提出依法合规的进场、施工和验收要求。

3）协同建设单位以建设例会（兼监理例会）为契机提出各项管理要求、监理要求。对工程管理随工程进展进行监理管理要求交底。按照项目实施情况，分阶段落实施工方案审批、原材料及半成品验收、施工工艺验证、质量检查和验收、施工环境的维护、防疫控制及安全文明施工、迎接第十四届全国运动会保电力供应等安全维稳措施，落实、维护现场施工管理秩序等工作。

（六）重要事项处理

1. 关于基坑围护桩设计优化建议

按照合同约定基坑支护结构设计为EPC总承包施工单位自行委托设计，中国五冶集团最终委托其下属单位中冶成都勘察设计总院设计及施工。该单位缺乏本地区的基础资料，设计相对保守。全过程咨询单位拿到方案后，依托中铁第一勘察设计院多年在西安地区丰富的勘察、设计经验，对该工程基坑围护桩进行了设计优化。基坑围护桩结构设计长度19~22m，通过计算将桩长缩短至18~20m。该方案后经过专家论证通过，直接节约成本约36万元。

2. 关于桩基础方案比选建议

设计单位提出采用螺杆挤密桩方案，全咨单位根据场地现状、土方开挖程度、钻机用电量、桩基设备市场存量等因素分别对原设计的螺杆挤密灌注桩和旋挖钻成孔灌注桩进行了对比，建议变更为旋挖钻灌注桩。变更后传统工艺安全质量有保障，进度节约15天左右，成本不变。

3. 关于电梯选型调研及建议

建设单位提出电梯选型需求后，全咨单位按照招标文件电梯设备名录（不限于）进行深入的市场调研，通过线上、线下及本单位多年监理经验等方式，对市场主流的电梯品牌的技术参数、尺寸、资质、品牌业绩、省内市场份额（以及本区域内市场份额）、售后网点、售后承诺、产品优缺点、投资造价等进行综合分析、评估，最终向建设单位推荐了技术先进、市场份额高、售后有保障、造价合理的优质品牌厂家，得到建设单位的认可和肯定。

总结和体会

1. 全过程工程咨询服务是国家推行建筑业领域建设工程组织模式改革的重大举措，是克服碎片化咨询、传统责任不清、资源错配等传统咨询顽疾的重要手段，对于提升综合性监理企业咨询服务水平具有重大意义。只有抓住机遇，迎难而上，方有未来。

2. 全过程工程咨询必须在恰当时机介入，以工程建设全过程咨询服务为主时，应在启动项目勘察设计初期介入，有利于全面掌控项目建设管理全局和实现项目功能深化。

3. 全过程工程咨询对综合性监理咨询企业提出更高的能力要求。监理咨询企业迫切需要从顶层设计入手，建立全咨组织体系，建立和完善全过程咨询技术和管理咨询指南，培养以项目管理为核心，覆盖勘察设计和施工建设管理各环节的复合型咨询专家团队；培养掌握商务及合同技能的营销团队；培养应用新科技手段及信息化平台辅助决策和管理的综合技能，上述要求已经成为监理企业必须攻克的难题。

4. 大型监理企业为实施全过程工程咨询业务，必须补齐勘察设计管理、造价咨询等业务短板，并且需要建立勘察设计、造价咨询、工程监理三维联动、协同共管的建设生态环境，并营造“敢于创新、擅长破局、勇于协商、倡导共赢”的文化氛围。

监理企业参与政府购买巡查服务的实践探索

董宏波
浙江求是工程咨询监理有限公司

改革开放以来，我国城镇化建设突飞猛进，大大加速了建筑业与房地产业的前进步伐，促进了国民经济与社会事业的发展。与此同时，各种工程质量安全事故频繁发生，引起社会公众的广泛关注。为此，住房和城乡建设部于2020年9月选择广州、苏州和台州等地开展政府购买监理巡查服务试点。通过试点，探索工程监理服务转型方式，防范化解工程履约和质量安全风险，提升建设工程质量水平，提高工程监理行业服务能力。

针对我国建筑业长期存在的监管体制机制不健全、质量安全事故时有发生等难点、痛点，契合监理行业转型升级、创新发展的形势要求，探索政府采购社会服务的新型模式。通过对试点研究，形成一套可复制、可推广的政府购买监理巡查服务示范模式，更好地为工程质量安全监管提供保障。

一、巡查服务范围与项目概况

（一）服务范围

受天台县住房和城乡建设局委托，由浙江求是工程咨询监理有限公司对天台县行政区域内建设领域进行行业辅助监管，包括但不限于新建、改建、扩建的房屋建筑、市政工程等建设工程安全、质量、文明施工管理，在建工程质量、安全事故的调查处理，建筑业突发公共事件的应急管理。具体工作包括：

1. 根据一月全巡制度要求，完成每月全部项目基本一次巡查工作，每月需对服务区域内全部项目至少巡查一次，巡查时间须持续整月不间断，具体项目的巡查频次根据实际情况机动安排。

2. 根据天台县住房和城乡建设局要求开展季度综合大检查工作完成季度检查报告及全县会议通报。

3. 按天台县住房和城乡建设局要求完成塔吊等机械专项检查。

4. 开展其他安全专项检查，包括危大工程、扬尘专项控制检查、合同履约专项检查、工人工资专项检查等。

5. 全过程安全管理监管系统建设，服务于负面清单管理相关规定的系统建设工作，包括但不限于系统日常维护、信息录入、数据管理等，根据需要对系统软件人员开展培训工作。

6. 按天台县住房和城乡建设局要求完成标化工地、新技术应用示范工程、质量创优工程在本级的申报和评选辅助工作。

7. 按天台县住房和城乡建设局要求完成视频考勤、塔吊监控、扬尘监控等智慧工地建设的相关工作。

8. 每年组织专家对天台县内在建工程项目各方责任主体单位的主要管理人员进行安全专项培训。

9. 根据工作需要会同有关部门调查处理建筑工程质量、安全事故，协助完成建筑业突发公共事件的应急管理工作，协助劳动和社会保障部门做好建筑工程施工领域民工工资管理工作和欠薪投诉的协调处置工作。

（二）项目概况

截至2021年3月24日，除去初验或待初验项目、竣工验收及归档等状态项目，天台县内在建房建工程项目155个，其中厂房75个，住宅41个，公共建筑39个，已经进入装饰装修状态51个。粗略统计施工面积达到628万m^2，总产值达到167亿元。

浙江省天台县现有监管的在建工程项目分布范围广、数量多、工程类型复杂，而县重点工程建设服务中心专业人员配备数量不足，已很难兼顾所有在建项目，如何保证在巡查机构专业人员少，而巡查项目数量多、覆盖范围广的条件下，监督检查出项目的质量安全隐患，降低质量安全事故的概率，就成为目前亟待解决的问题之一。

二、巡查组织机构

针对本项目的特点及服务内容，项目部采用直线制组织架构形式，组建了如图 1 所示监理巡查班子。

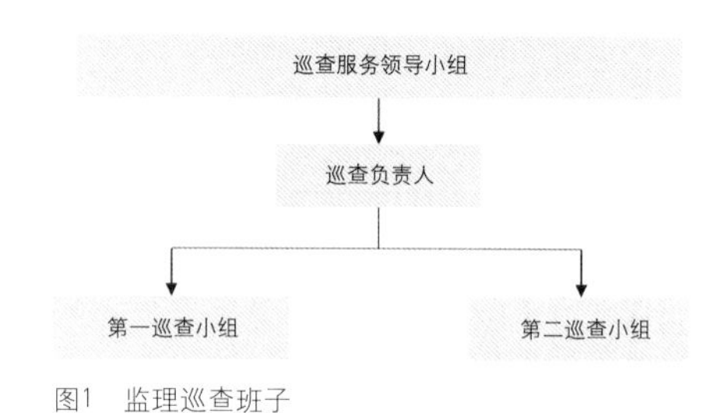

图1　监理巡查班子

三、巡查工作基本程序

工程质量安全巡查是指对房屋建筑与市政基础设施工程施工现场质量安全状况实施的巡视检查。工程质量安全巡查过程可划分为巡查准备、巡查实施、巡查处置和资料归档四个阶段（图 2）。

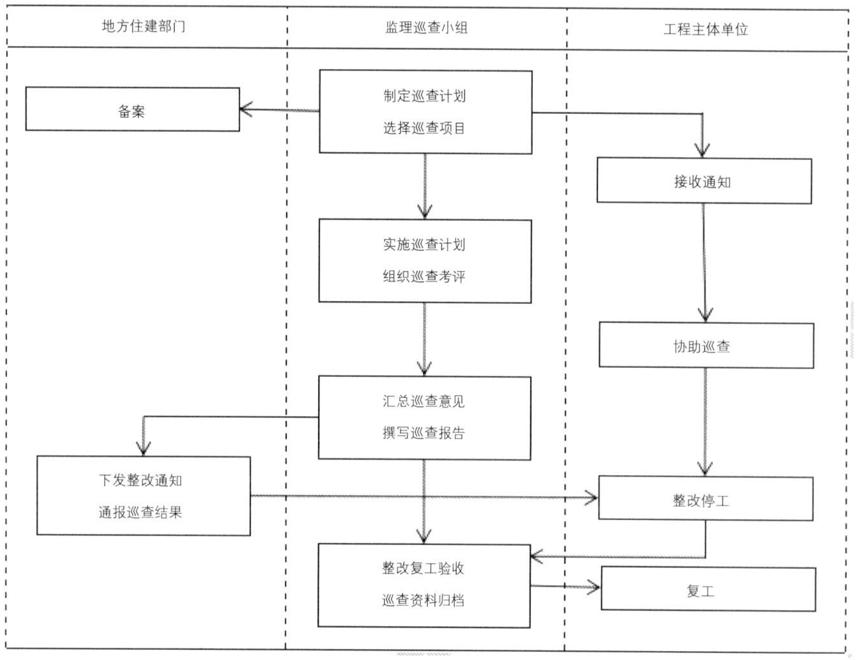

（一）巡查准备

1. 建立巡查制度

根据本区域特点，建立巡查工作制度，明确巡查工作要求，开展本区域工程巡查工作。

2. 制定巡查计划

制定巡查工作计划，明确巡查时间、区域、方式、人员、工程数量等基本信息，并按规定公开。

3. 选择巡查项目

重点巡查发生事故、受过处罚、投诉频繁、恶意欠薪企业的在建项目。

（二）巡查实施

1. 了解情况

向参建单位了解工程总体情况，主要内容包括工程概况、施工进度、建设程序和承发包、项目组织管理、质量安全状况等。

2. 分工检查

巡查人员分为质量、安全、市场三个专业，同步实施检查，必要时采用现场检测的手段进行检查。

3. 巡查记录

巡查人员应结合现场检查情况，填写巡查信息记录单，详细记录巡查项目的相关信息，并按要求填写各专业检查表。

4. 汇总讨论

各专业检查结束后，巡查人员应将检查发现的问题进行内部汇总，对问题定性及处置建议进行集体讨论，最后达成统一意见。

（三）巡查处置

1. 行政措施

对巡查中发现，存在质量安全隐患、违法违规行为的，应当开具“整改通知单”；对巡查中发现存在严重质量安全隐患、市场违法违规行为的，认为需要全面停止施工的，应当开具“暂停施工指令书”。

2. 行政处罚

对巡查发现的涉嫌违反法律、法规、规章的行为进行调查取证，依法做出行政处罚。

3. 处置销项

有关责任单位应按照行政措施单的要求进行整改或提出复工申请，在规定期限内将整改报告和复工申请报送建管部门，由建管部门落实销项和开具复工单。整改回复反馈资料应附相应图片或影像资料。

4. 资料归档

应当建立巡查档案管理制度。巡查工作完成后，应将工程巡查实施过程中形成的文书、影像等档案资料及时整理汇总，按照档案管理的有关规定分类归档。巡查档案保管期限为 2 年。

1）巡查工作完成后，应及时按照档案管理的有关规定整理汇总巡查档案。部分资料因时限原因无法及时收集的，

地方住建部门　监理巡查小组　工程主体单位

备案
制定巡查计划 选择巡查项目
接收通知
实施巡查计划 组织巡查考评
协助巡查
汇总巡查意见 撰写巡查报告
下发整改通知 通报巡查结果
整改停工
整改复工验收 巡查资料归档
复工

图2　巡查工作基本程序

应在资料收集完成后及时归档。

2）巡查档案应以项目为单位收集整理，按照巡查项目先后次序进行排序，装订成册。

3）巡查档案应当由专人统一保管，方便查阅。

4）如有档案电子化的要求，应当按照有关规定存储到符合保管要求的脱机载体上。

5）巡查档案文件必须真实地反映巡查过程中的实际情况，严禁弄虚作假，不得任意涂改、抽页和销毁。

四、巡查服务工作成效与思考

（一）工作成效

在天台县住房和城乡建设局相关领导的指挥和质监站的指导下，我们巡查组工作已经取得了初步的成效，最明显的就是在第二季度市飞检中，受检的两个项目分别取得了82分和73分的好成绩。

（二）存在问题

1. 各单位法律意识、安全意识淡薄，对安全施工管理不重视，甚至有项目经理不理解终身责任制。

2. 现场相关管理人员到岗履职情况较差，现场管理人员与投标书承诺不相符。当地未执行实名制考勤制度情况严重。

3. 有存在专业分包和劳务分包违规分包现象，劳务台账不完善或未建立。

4. 个别项目施工现场未落实封闭管理要求，对疫情防控部不严谨，未落实体温检测要求，外来人员往返信息缺失。

5. 施工组织设计、专项方案、监理规划、监理细则针对性不强，审批手续不完整，部分工程无施工方案或内容不齐全，甚至存在自己单位名称和工程名称都错误的情况。

6. 资料未存放在现场项目部。资料填写不完整，各方签字盖章有缺失，日期缺失，专业监理签署意见不严谨，签名字迹有不一致现象。表格版本未及时更新。

7. 现场未按照施工方案施工，如宝宝康项目未按照专家论证通过后的高支模方案施工，自行更换钢管种类。

8. 安全生产责任制落实不到位，未按照要求建立安全管理机构。

9. 现场脚手架、支模架搭设普遍不符合规范要求。

10. 卸料平台未按照方案实施，缺少验收合格牌、限载牌等。

11. 施工现场建筑起重机械的安装单位和使用单位忽视设备交接管理。个别施工单位使用未检测、验收不合格的建筑起重机械，被责令暂停使用。

12. 文明施工长效管理措施落实不到位，未按平面布置图堆放材料，未做到工完，料尽，场清，未按规定合理设置警示标牌及安全技术操作规程牌。

13. 部分建筑工地主要道路和临时便道未硬化、裸土未100%覆盖、工地未配备抑尘车（雾炮机）、围挡未安装喷淋系统、部分进出口冲洗装配未设置等。

14. 一些工地同条件试块不按规范要求放置在施工现场；钢筋绑扎不规范，不符合抗震规范要求。

15. 建筑节能施工和措施不到位，有的未按要求进行建筑节能施工。

16. 工程质量通病依然存在，细部做法不够精细。

17. 监理人员对进场材料把关不严，旁站记录和见证取样台账内容不齐全，监理规划、监理实施细则等资料比较制式化，缺乏针对性。如现场材料不符合图纸，没有书面变更资料。

18. 监理对质量验收把关不严，不能按监理规范要求做到旁站、巡视和平行检验，不能及时发现问题或发现问题处置不当。

19. 监理对有关安全生产标准、规范了解不够，未能严格按照强制性标准进行监督。如现场有不合格的吊篮在用，监理未及时进行制止。

（三）改进建议

1. 加强对企业有约束作用的措施，比如人员扣分要与企业信用分和企业业务挂钩。

2. 提高对现场管理人员的职业道德培训，以增强现场管理人员履职的自觉性。

3. 加强对现场管理人员的技术能力、安全意识和质量管理体系ISO9000的培训工作。

4. 尽可能执行智能化管理系统，例如ERP系统，减少人为干涉因素。

五、巡查服务研究课题与成果

（一）课题开展方案

1. 课题研究背景

为强化政府对工程建设全过程的质量安全监管，探索工程监理企业参与监管模式，住房和城乡建设部于2020年9月在房屋建筑、市政基础设施领域开展政府购买监理巡查服务试点。浙江求是工程咨询监理有限公司作为浙江省工程咨询行业骨干企业，把握浙江省台州市作为政府购买监理巡查服务试点城市的机遇，积极参与工程项目试点活动。为配合试点工作的有序开展，及时总结试点工作的实践经验，特此决定与浙大宁波理工学院合作开展“项目总控模式下群体工程质量安全监管机制探索——基于天台县政府采购监理巡查服务试点实践”课题研究工作。

2. 课题研究思路

课题针对我国建筑业长期存在的监管体制机制不健全、质量安全事故时有发生等难点、痛点，契合监理行业转型升级、创新发展的形势要求，探索政府采购社会服务的新型模式。课题研究基于天台县政府采购监理巡查服务试点实践，以项目总控与风险管控为统领，在准确把握群体工程项目属性基础上，设计“政府＋巡查＋监理”三方协作组织模式，围绕长效化工作机制、标准化工作体系与信息化工作平台建构框架体系。通过研究，力争形成一套可复制、可推广的政府购买监理巡查服务示范模式，更好地为工程质量安全监管提供保障。

（二）课题研究成果

1. 政府购买监理巡查服务长效化工作机制

以有效提升政府监管效能为目标，从巡查方式、成果应用和履约评估等方面探索推动政府购买监理巡查服务可持续运行的制度体系。首先，采用结构化分解技术对巡查服务项目的项目属性、风险因素进行分析与识别，构建项目分解结构（PBS）与风险分解结构（RBS），并设计“3+X”巡查服务评价体系，其中“3”指质量管理、安全生产和文明施工三大基本板块，“X”指体现地方监管需求的特色板块；其次，按照“现场与市场相结合”原则，将评价结果与企业、个人信用评级挂钩，将“信用评价指标”作为修正要素，纳入招标投标评价体系之列；此外，从巡查服务委托方角度出发，设计了一套履约评估体系，体现了巡查服务特有的廉政风险防控要求，保证监理巡查结果的公正性和准确性。

2. 政府购买监理巡查服务标准化工作体系

以有效指导监理巡查服务为目标，侧重从流程组织、事项归集和文档设计等方面着手，探索构建监理巡查服务的标准化工作流程和文档系统。在流程组织方面，将监理巡查服务划分为巡查准备、巡查实施、巡查处置和资料归档四个阶段；在事项归集方面，重点按照建设、施工、监理、勘察、设计等参建单位的质量、安全、市场行为，将检查事项按照三级迭代结构进行归集；在文档设计方面，提出了巡查文书、评价表格和巡查报告的编制指南和模板。

3. 政府购买监理巡查服务信息化工作平台

围绕项目总控“以信息流指导和控制物质流”方针，以BIM+GIS模型为核心，集成云计算、大数据、物联网、移动通信和人工智能等技术，搭建多维空间信息模型管理平台。该平台遵循全生命周期管理理念，围绕工程施工“人、机、料、法、环”五大因素，自动获取和高速分析工程质量管理、安全生产和文明施工等数据，实现对施工现场的数字化、可视化、智能化管理。平台开发采用嵌入式手段，将监理巡查平台与建筑业管理系统、智慧工地云平台进行有机整合，实现关联数据的互联互通。平台前端由PC端、移动APP端和微信小程序组成，方便用户的实时应用。

结语

由求是管理从自己专家库优选相关专家组成独立巡查检查小组对工程项目的质量管理、安全文明施工管理、管理行为等方面进行定性与定量相结合的巡查检查方式，坚持独立、客观、公正、透明的原则，提供质量管理、安全文明施工管理、管理行为等方面的一站式服务管理模式。

1. 巡查检查是委托方的一种有效的管理手段和方法。其结论可进一步规范项目管理各参建方的行为，帮助委托方发现工程项目管理中存在的问题，实时巡查，发挥预警、全面监控效果，最大限度地保障安全文明施工责任风险及保障工程产品。

2. 巡查检查是委托方的一双专业眼睛，真实还原项目现状。贯彻过程跟踪，交付质量，提高客户满意度。

3. 巡查检查是一把尺子，检验和衡量各参建单位管理水平。可对委托方项目建设的施工、监理、承包商等合作伙伴起到监督、考察作用，有利于委托方对合作伙伴的管理。

4. 巡查检查是一个风险管理师，识别现场安全危险源。通过对施工现场安全文明施工检查，突出危险性较大分部分项工程师检查力度，创造良好的安全文明施工氛围，保持常态化管理，杜绝安全风险事故的发生。

5. 巡查检查是一个裁判员，判断各种优秀工艺及节点做法的对错。通过对施工现场的质量检查，突出实测实量工作的实施，推行规范化、标准化、精细化的质量管理方法，夯实质量管理的基础。

6. 巡查检查是一个好参谋，为业主委托方和项目组提供合理建议。通过对管理行为检查，突出程序管理，规范管理行为。

7. 巡查检查是一个培训师，传播优秀做法和优秀管理经验。通过对创新管理工作的检查，收集、推广项目创新管理工作，分享优秀做法与先进管理经验，促进项目水平稳步提升。

政府购买监理巡查服务在工程质量安全巡查中的尝试

黄春晓　刘　涛　王再兴　高红伟

建基工程咨询有限公司

摘　要：简述监理企业通过参与政府购买第三方检查服务，探索监理企业参与监管模式，创新工作方式和管理方法，发挥工程监理企业在质量、安全监管方面的作用，引导监理企业深化改革创新发展，为监理企业转型升级带来了机遇。

关键词：监理企业；政府购买；第三方服务

2017年7月7日，住房和城乡建设部下发了《关于促进工程监理行业转型升级创新发展的意见》（建市〔2017〕145号），文件中提出："鼓励支持监理企业为建设单位做好委托服务的同时，进一步拓展服务主体范围，积极为市场各方主体提供专业化服务。适应政府加强工程质量安全管理的工作要求，按照政府购买社会服务的方式，接受政府质量安全监督机构的委托，对工程项目关键环节、关键部位进行工程质量安全检查。"

2019年9月，住房和城乡建设部《关于完善质量保障体系提升建筑工程品质的指导意见》（国办函〔2019〕92号），提出："鼓励采取政府购买服务的方式，委托具备条件的社会力量进行工程质量监督检查和抽测，可积极探索利用社会第三方力量进行评价，探索工程监理企业参与监管模式，健全省、市、县监管体系。"

2020年5月，住房和城乡建设部建筑市场监管司研究起草了《关于征求政府购买监理巡查服务试点方案（征求意见稿）》（建司局函市〔2020〕109号）。强化政府对工程建设全过程的质量监管，探索工程监理企业参与监管模式，决定在房屋建筑、市政基础设施领域开展政府购买监理巡查服务试点。

2020年9月，住房和城乡建设部办公厅发布《关于开展政府购买监理巡查服务试点的通知》（建办市函〔2020〕443号），决定在江苏、浙江和广东的部分地区开展政府购买监理巡查服务试点。通知中，对监理巡查服务的服务定位、能力要求、购买主体、购买方式、成果应用、履约评估进行了要求。

为建设主管部门提供专业化的第三方服务是监理人员纵深了解建筑市场、增加建设主体"业主端"信息储备的良好渠道，因此，每一个监理企业应认清形势，顺势而为，尽快抓住转型升级发展的有利时机，实现新的突破。

一、企业服务能力

建基工程咨询有限公司成立于1998年，是一家专注于建设工程全过程咨询服务领域的第三方现代化服务企业，拥有37年的建设咨询服务经验，27年的工程管理咨询团队，21年的品牌积淀，十年精心铸一剑。

引入IPD思维理念，以项目管理为中心，分析模拟项目全过程，充分利用各参建方成员的跨领域知识，集体对项目的成功负责提供决策质量。通过创建共用基础模块，保证沟通渠道的顺畅，减少各方业务的依赖关系，实现各方异步业务的实施（图1）。

为适应监理工作发展需要，紧密围绕监理工作中“三控两管一协调一履职”的目标，围绕企业经营管理和项目管控两个层面，开发建设了“智慧指挥中心”+“BIM5D”企业协同云办公系统，运用现代企业管理理念、项目管理思想和信息技术平台，通过管理平台接入现场摄像头，实现WEB端及手机端可远程查看、实时监督，在具有重大危险源或特殊专项工程施工，可组织专家在异地远程对现场人员进行实时指导和监督。使项目部与公司总部实现关键信息有序共享、高效协同，实现信息处理数字化、信息组织集成化、信息传递网络化、业务管理流程化。

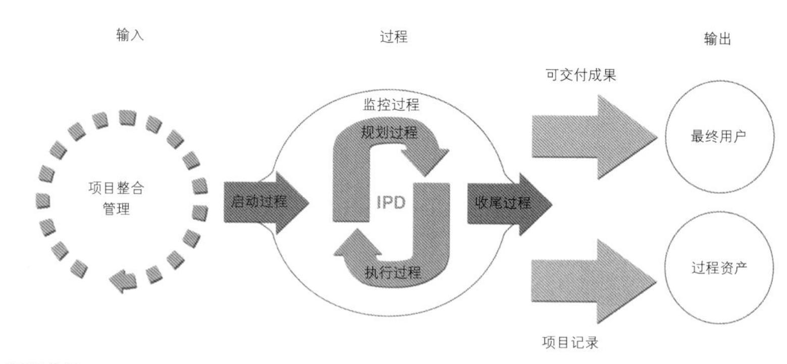

图1　IPD思维图

二、第三方巡查的实践

（一）项目背景

临泉县现有监管的在建工程项目具有分布范围广、项目数量多、工程类型杂等特点，县重点工程建设服务中心专业人员配备数量不足，已很难兼顾所有在建项目，日常监督检查过程中难免疏漏一些较大安全隐患，因此，政府决定购买社会专业第三方巡查单位（以下简称“三巡单位”），进行质量、安全第三方巡查。本次第三方巡查服务通过公开招标，公司获得了临泉县重点工程建设服务中心第三方质量安全巡查项目的两年服务。

（二）巡查依据

1. 法律法规及工程建设标准。

2. 安徽省建筑施工安全风险指导手册（试行）。

3. 县重点局关于第三方质量安全巡查管理暂行规定。

4. 项目招标文件及合同。

5. 巡查工作方案。

（三）第三方巡查机构

1. 人员配置

项目巡查实行三级管理（图2），由PMO（项目管理办公室）委派项目负责人全面负责临泉县第三方巡查工作（图3），项目负责人具有注册监理工程师资格，是高级工程师，曾多年在省质监站从事过质监方面的工作，又有工程监理、工程管理的丰富经验；项目部下设巡查组，各巡查组组长具备工程类注册资格或3年以上专

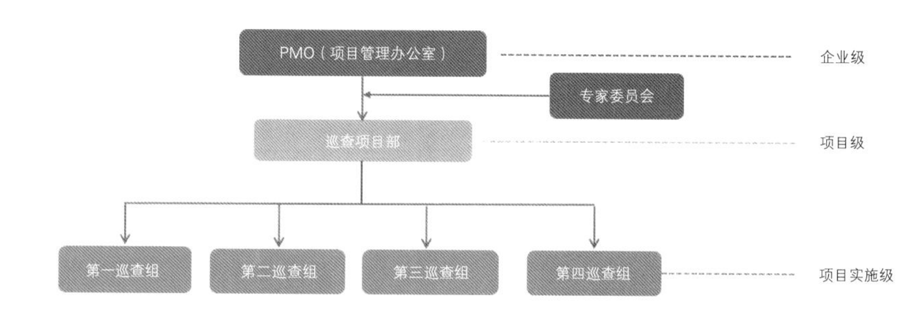

图2　项目巡查三级管理示意图

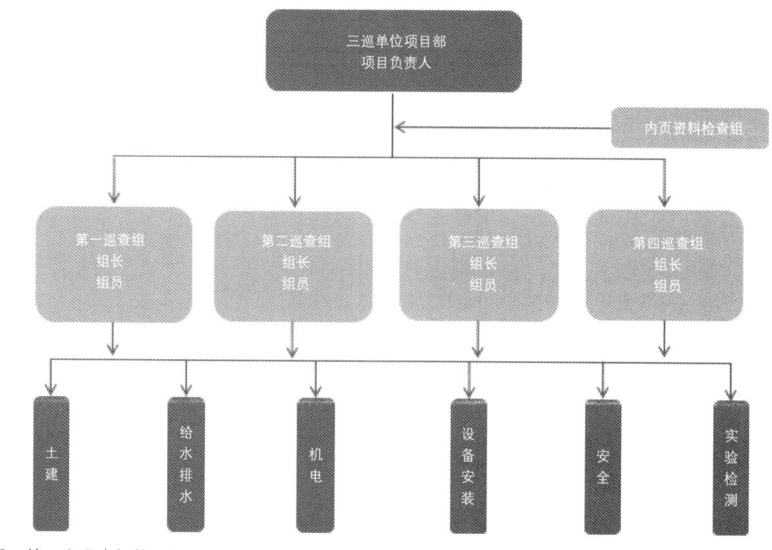

图3　第三方巡查机构组织图

业监理工程师岗位证书，同时配备土建专业、给水排水专业、机电专业、试验检测专业、安全专业等巡查工程师，所配备的巡查工程师涵盖了本项目各专业。

2. 岗位职责

1）项目负责人

（1）对各级巡查人员进行检查和考核。

（2）将巡查小组巡查内容以书面形式通知建设、监理、施工、监控量测、第三方监测、第三方见证检测等单位。

（3）检查和监督项目巡查人员的工作，协调处理各专业巡查业务。

（4）签发各类报告、周报、月报、总结。

（5）组织编写质量安全巡查方案，待业主审批后组织巡查人员严格实施。

（6）参与业主对工程质量事故、施工安全事故的调查、分析、处理、总结。

（7）组织巡查组人员按照招标文件规定的巡查频率对被巡查单位进行检查，并及时组织编制质量安全巡查日志、巡查单、巡查报告、周报、月报、半年总结、年度总结报重点局相关部门。

（8）第一时间赶赴现场，参加由重点局及相关部门召开的现场专家会议，配合相关工作。

2）巡查组长

（1）组织巡查人员依据合同、图纸、规范、标准，对分管的巡查范围实施有效、全面的质量安全巡查，对相应的质量安全巡查结果担负责任。

（2）组织本组巡查人员对施工现场的质量和安全进行独立的全过程质量安全巡查，对参建主体各方（包括且并不限于业主代表、监理、施工、监控量测、第三方监测、第三方见证检测等）的质量安全履约行为实施巡查。

（3）现场填发质量、安全巡查单。

（4）进行归纳和分析，跟踪复查。

（5）每日向项目负责人汇报工作情况，发现重大质量安全隐患第一时间通知项目负责人。

（6）每周检查本组巡查人员的巡查日志不少于一次。

（7）检查和考核巡查人员的工作质量。

3）巡查工程师

（1）对项目土建工程质量安全进行巡查；对参建各方安全质量履约情况进行巡查。

（2）对巡查出的问题现场填发质量、安全巡查单，形成巡查报告并及时向巡查小组组长汇报。

（3）对所巡查项目做出质量安全巡查报告（每次）、周报、月报、半年总结、年度总结并进行汇总、归纳和分析，跟踪复查。

（4）巡查报告、小结附以文字、图片、录像等相结合的证据方式记录质量、安全巡查情况。

4）信息管理员

（1）负责对签发的文件分发、签收确认，并组卷归档。

（2）指导各项目部人员应用维护“工作群”。

（3）保证网络信息系统的正常运行。

（4）及时向项目负责人汇报工作情况。

（四）第三方巡查工作制度

1. 现场巡查制度

巡查项目部对被巡查单位的现场及内业情况进行监督检查。巡查方法采取“定期巡查、专项巡查和信访”相结合。

巡查小组须保质保量完成重点局所有在建工程项目的日常巡查工作，并将各自当日巡查工作情况及时汇总，并于当日形成“巡查报告”，递交项目负责人审核签认，并于当日晚20时前递交县重点工程建设服务中心，重点局基建股、计划股。

在建工程项目回复纸质回复单后，由项目负责人安排各巡查小组进行核查，形成闭环，确保检查覆盖率达到100%。

在每次检查中，巡查小组一旦发现施工项目存在较大以上等级（分一般、较大、重大）质量、安全隐患，立即出具质量、安全巡查单并采取措施进行暂时处理，报项目负责人，并在8小时内报告重点局各相关部门。

2. 会议制度

针对所委托被检项目，在进场巡查前（不论项目是否已开工）首先召集施工，监理，第三方检测、监测等相关单位召开巡查计划交底会，向各参建方明示交底本项目的巡查人员、巡查频率、巡查内容、巡查方式等，交底会议邀请县重点局相关部门共同参加。

三巡单位每周五组织召开巡查项目周例会，由各巡查小组通报本周的巡查情况（形成该周巡查报告），宣布下周的巡查计划。

每月25日组织召开巡查项目月度例会，由各巡查小组通报当月的巡查情况（形成该月巡查报告），宣布下月的巡查计划。

3. 巡查计划交底制度

三巡单位编制巡查方案报县重点局审批，参加县重点局计划股组织的交底会。

第三方巡查小组在进场前向被巡查项目各参建单位进行交底巡查内容。

4. “信访”巡查制度

1）公示信访途径及信息。

2）专人接待信访事件，详细登记信访内容。

3）向项目负责人专题汇报。

4）指定巡查组调查信访事件。

5）核实问题，上报重点局。

6）确认处理结果，及时信访反馈。

5. 廉政制度

根据县重点局文件精神以及有关工程建设、廉政建设的规定，为做好巡查中的廉政建设，保证巡查工作高效优质，特向重点局做出廉政承诺，并对所有巡查组成员提出廉洁自律要求：

1）巡查工作坚持公开、公正、诚信、透明的原则（法律认定的商业秘密和合同文件另有规定除外）。不得损害国家和集体利益，违反工程建设管理规章制度。

2）建立健全廉政制度，对巡查组成员开展廉政教育。

3）发现巡查组成员在业务活动中有违反廉政规定的行为，立即给予撤职撤换。

4）巡查组成员不得索要或接受被检查方的礼金、有价证券和贵重物品。不得在被检查方报销任何费用等。

5）巡查组成员不得参加被检查方安排的超标准宴请和娱乐活动；不得接受被检查方提供的通信工具、交通工具和高档办公用品等。

6）巡查组成员不得要求或者接受被检查方为其住房装修，婚丧嫁娶活动，配偶子女的工作安排，以及出国出境、旅游等提供方便等。

7）巡查组成员及其配偶、子女不得从事与被检查项目有关的材料设备供应、工程分包、劳务等经济活动。

8）巡查组成员要秉公办事，不准营私舞弊，不准利用职权从事各种个人有偿中介活动和安排人员到被检查方单位。

9）巡查组成员不得有其他有损公司形象、违反职业道德及违法违规的行为。

（五）巡查工作的组织与实施

1. 组织与实施

巡查的项目由县重点局在定点服务期内中标的巡查咨询服务备选库中，按照现场抽签原则进行任务分配，双方签订“单个项目定点巡查服务协议”，由县重点局综合协调处对第三方巡查单位履约情况进行监督管理，向第三方巡查单位提供项目建设信息、施工图纸、施工组织设计、各专项施工方案等资料。

三巡单位项目负责人及时组织巡查人员编制《第三方巡查方案》报县重点局，经批准后，由县重点局综合协调处牵头组织监理单位、施工单位、检测单位等相关人员，由三巡单位项目负责人进行交底。

三巡单位按照《第三方巡查方案》中的巡查计划开展巡查工作，重点检查各参建主体——监理、施工和检测等单位的质量、安全履责行为，主要包括：

巡查组以巡查日志、巡查工作联系单、质量安全巡查单、巡查报告、周巡查报告、月巡查报告、季巡查报告、半年总结、年度总结、项目巡查工作总结的方式（附图片、录像）进行巡查管理，对项目巡查过程资料汇总、归纳和分析，形成项目评估报告，阶段性对项目各参建单位的履约情况进行中期及后期评估。如图 4 为巡查工作方式图例。

2. 巡查工作流程（图 5）

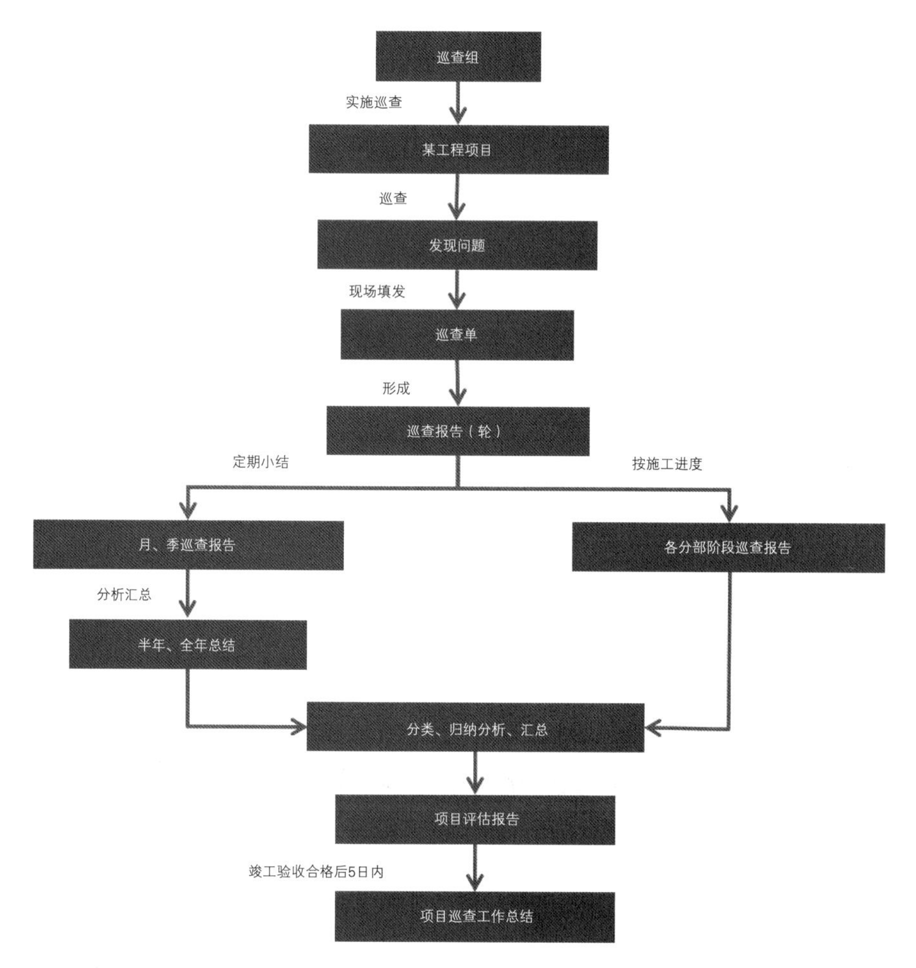

图4 巡查工作方式图例

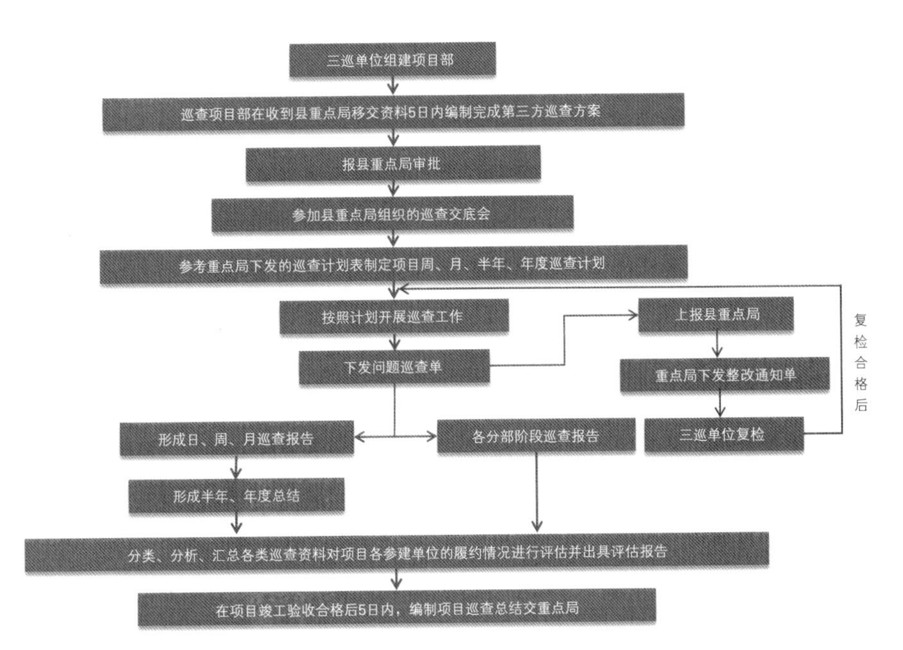

图5　巡查工作流程图

3. 第三方巡查的主要手段

1）审查核验

主动收集项目的相关信息和资料，调查分析项目情况；接收相关方署名或匿名情况反馈，收集项目存在的问题。

2）审查核验

巡查组及时督促被巡视检查单位报送相关文件和资料，及时审查核验。提出审核意见，对不符合要求的，应要求参建单位完善后再次报审。主要包括相关资质资格证书、安全隐患整改回复单的审查核验。

3）巡视检查

巡视检查应包括下列内容：

（1）参建单位质量、安全生产保证体系人员到岗履职情况。

（2）在建工程施工现场与施工组织设计中的技术措施、专项施工方案和安全防护措施费用使用计划的相符情况。

（3）在建工程施工现场存在的质量、安全隐患，以及按照项目监理机构的指令整改实施的情况。

（4）在建工程项目监理机构签发的联系单、通知单、工程暂停令实施情况。

（5）PMO专业人员远程参与巡查，对疑难问题，组织公司专家委员会进行远程会诊。

4）现场确认

巡查组在内业资料审查、现场实体等检查完成后，及时整理现场存在的问题，填写现场检查问题确认单，被检方对问题确认单内容进行签字确认。

现场检查问题确认单内容包含：在建工程参建单位在行为、程序、实体、安全、质量、资料及其他履职等方面存在的问题。

5）通知复检

（1）巡查组将相关方签字确认的现场检查问题确认单报项目部，项目部核实无误后编写本次项目巡查报告，并将巡查报告报送委托方。

（2）由委托方及时下发现场问题限期整改通知单，指令相关单位限期整改。

（3）项目部按项目建立现场检查问题确认单、项目巡查报告、现场问题限期整改通知单台账。

（4）被检单位整改后填写问题整改回复单报项目部，巡查小组参与整改结果的复检。

（5）巡查组一般在下次巡查时，会同建设单位复检落实上次问题的整改情况；重大问题应按通知单要求的限期整改时间，督促落实整改。

6）会议

各个巡查组每轮检查后，项目部及时召集各参建单位参加检查总结会议，分析评价质量、安全及履职情况，对照质量、安全规范、标准和有关主管部门的规范性文件及安全生产标准化要求，提出存在问题项的巡查建议。

7）报告

做好巡查项目的中期评估和后评估，对项目各参建单位的履约情况进行评估，并形成报告。

（1）施工现场发生质量安全事故，巡查小组获悉后，立即向重点局相关部门报告。

（2）巡查小组对参建单位不执行安全整改指令，对施工现场存在的质量安全事故隐患拒不整改的，及时向重点局相关部门报告。

（3）三巡单位以巡查日志、质量安全巡查单、巡查报告（每轮）、周巡查报告、月巡查报告、半年总结、年度总结、项目巡查工作总结的形式（附图片、录像）进行汇总，并进行归纳和分析，形成评估报告，对项目各参建单位的履约情况进行评估，向重点局相关部门汇报。

4. 内业资料检查的主要内容

1）监理、施工项目部质量安全组织机构、管理制度建立情况。

2）项目施工方案、应急预案（演

练记录）及监理的审批。

3）施工单位安全生产相关记录及日常安全培训资料（记录），定期检查（抽查）质量安全记录，资料真实、完整、规范、合法。

4）项目所有材料、设备、构配件（产品合格证、出厂检测报告及相关证明文件）。

5）进城务工人员工资支付情况。

5. 外业实体检查的主要内容

1）施工、监理质量安全人员现场到岗情况（按名单查人）。

2）是否按图施工、按施工组织设计，检查专项方案施工（查交底）、样板引路情况。

3）查旁站方案，监理关键部位、隐蔽旁站，工序检查报验及审批。

4）查进场材料、构配件、设备报验资料真实性及审批，见证及送检。

5）现场文明施工、生活区安全卫生情况。

6）检查实验室报验，试验检测设备、检测人员资格、检测方案；对进场材料如有异议可委托第三方检测单位补充检测。

7）交通工程结合省交通厅标准化指南，查施工单位是否按标准化施工。

6. 安全巡查工作的主要内容

1）重点巡查工程责任主体单位质量、安全生产责任制落实情况。

2）重点巡查危险性较大的分部分项工程。

（六）巡查成果

本次巡查历时 1 个月，派出巡查人员 10 人，共检查 20 个项目，发现问题 145 项（其中，施工单位问题 53 项，监理单位问题 82 项），未整改问题 22 项，出具巡查报告 20 份。

巡查组严格按照巡查方案制定的制度和流程开展巡查工作，及时记录巡查日志，下发巡查单，出具检测咨询报告和巡查报告，并召开巡查通报会。

（七）廉政建设工作

在第三方巡查过程中，检查人员的长期工作可能会与被检项目建立关系，继而影响检查人员在履行检查职责时的公正性，或偶尔发生被检项目贿赂检查人员，在检查过程中舞弊，都会败坏巡查队伍的廉洁和声誉。

为确实抓好检查人员工作作风和廉政建设工作，打造优秀三巡队伍，公司围绕“职业道德三大防线、八大禁令”这根主线，建立一套行之有效的内外监督约束机制，强化廉政建设，提高廉洁的自觉性，并通过定期或不定期对采购单位和被检单位进行沟通回访，考核工作人员廉政情况。

项目部制定了廉洁制度，每一位检查人员都签订了《廉洁自律承诺书》并在被检项目的交底会上予以告知，并设置了举报电话。为确保检查工作的科学、公正、准确、公平发挥保证作用。

结语

政府购买监理企业等专业性强的社会单位提供第三方服务，可以解决政府主管部门监管人员和技术力量不足的问题，并将检查权与处罚权分离，能够更好地发挥工程监理企业的技术优势，符合深化行政体制改革的方向。

监理企业作为独立于建设单位和施工单位的第三方监管单位，常年奋战在建设工程施工监管第一线，在工程质量和安全监管方面有充足的人力资源和技术储备，通过对第三方巡查服务中发现的问题进行总结，有利于监理企业对原有监理业务的深化和提升，同时开阔了监理企业的工程管理视野，培养和锻炼了一批复合型人才。开展政府购买监理巡查服务，给监理企业转型升级带来了机遇。

超高超大扇形全玻幕墙施工质量控制

梁继东　张善国

北京帕克国际工程咨询股份有限公司

摘　要：北京城市副中心图书馆工程外立面采用下端支承折扇形全玻幕墙体系，单块玻璃最大尺寸高15.3m，宽2.5m，总厚132.6mm，采用7层15mm厚玻璃通过5层SGP夹胶片和20mm厚中空层复合而成，单块重约11t。竖向设计考虑下端支承，水平方向采用不同角度折扇形互为玻璃肋支承体系，结构胶宽度155mm（含中空层矩形泡沫棒）。该全玻幕墙多项规格参数超出现行规范要求，创下行业记录。本文结合该建筑幕墙工程的特点，从多个不同的方面，对超出规范规定的建筑幕墙工程的监理工作控制要点进行了相应的探讨。

关键词：全玻幕墙；下端支承；质量控制

随着新材料、新技术、新工艺、新设备的不断发展，幕墙工程技术不断创新，现行设计施工规范内容难以全面涵盖，往往导致施工做法超出规范要求。为保障工程管理施工质量，结合超大尺寸互为支承全玻幕墙的工程监理工作的开展，在此对幕墙监理工作的控制进行初步探讨。

一、超大尺寸全玻幕墙施工前期监理工作

（一）提前介入方案设计

幕墙工程施工图纸往往是幕墙顾问公司或施工单位自行深化设计，难免存在局部降低标准或者未考虑其他专业的配合等情况。监理工程师应该提前介入方案设计，对超过规范要求的做法提前提出并与建设单位沟通协调，做好应对措施，确保图纸方案的合理性和可靠性。

（二）积极参与专家论证

城市副中心图书馆工程单块玻璃高度、玻璃落地支承形式、结构胶宽度厚度均超出了现行技术规范规定，结合幕墙设计形式，全玻幕墙下部还有陶土板及框架玻璃幕墙。考虑将全玻幕墙、陶土板、框架玻璃幕墙按现场实际尺寸一体进行幕墙物理性能四性试验检验以验证方案的可行性。按最不利因素及试样代表性考虑，选择北立面中间位置4个分格尺寸，幕墙试样分格总高20955mm，宽度9075mm。监理工程师积极参与了建设单位组织的多次方案论证会，探讨幕墙检测的实施方案。由于目前检测实验室无如此高度规格的试验台，同时考虑超长玻璃的运输吊装条件，考虑在施工现场原位进行幕墙物理性能试验。经多次专家会议讨论，确认了原位进行幕墙物理性能试验的可行性（图1、图2）。

（三）现场实体四性试验监督检验

现场在原位屋面钢结构施工完成后，搭设了满堂脚手架，在幕墙试样背后安装试验检测用静压箱体，底部安装了梭形精钢柱，柱顶安装了精加工钢横梁用以支承全玻幕墙，屋面主体钢结构上焊接钢支架，钢支架上安装试验用活动钢梁，将大玻璃上部钢横梁与活动钢梁连接，采用千斤顶进行模拟结构位移测试。安装采用2台汽车式起重机吊装12t电动吸盘和起吊大玻璃，施工人员分部在曲臂高空车和内部脚手架上辅助就位。根据结构分析计算结果，要保证大玻璃水平位移±120.3mm，竖向方向下压45mm、上浮15mm的位移能力。经过材料加工及安装工艺的多次试装调整后实体模型安装完毕。安装后室外侧采用一台起重机吊起双组分打胶机，施

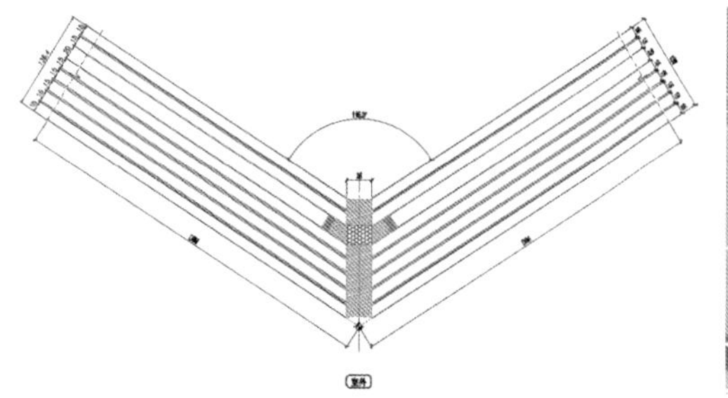

图1 大玻璃阳角节点示意图

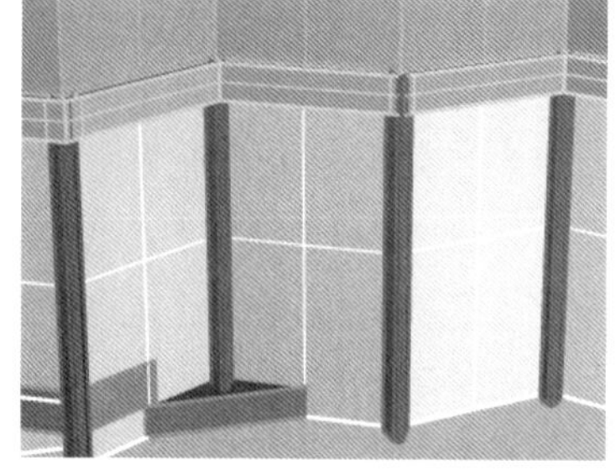

图2 下部钢柱及框架幕墙体系示意图

工工人在高空车上进行现场注胶作业，根据设计厚度分两次注胶，室内侧填塞矩形泡沫棒后由工人采用胶枪在脚手架上打注单组分结构胶。现场采取空气喷雾等措施在控制温度和湿度的情况下进行养护。最终经过全程7天的检测，顺利完成了现场实体幕墙物理性能四性检测，检测结果满足设计要求。

（四）严格材料封样

为了切实保证施工质量，监理人员与业主提前做好沟通和协商，从业主需求出发，对幕墙材料的品牌、规格、型号等进行确定。如幕墙玻璃的规格与节能系数要求，反射系数，铝材的表面处理是粉末喷涂、氟碳喷涂，铝材隔热条的要求，五金件的要求，密封胶的要求等。

为了保证材料质量，需要对材料进行封样。根据设计图纸对材料的性能要求，选择有足够加工生产供货能力并能满足质量要求的合格产品。监理工程师应和业主、施工单位共同对材料生产厂家考察。在设计师确认规格样式后，监理工程师应要求材料厂家提供全项性能的型检报告，仔细研究材料各项性能指标是否有不满足项，型检报告必须在有效期内。

该工程玻璃设计采用7层玻璃复合，20mm中空层充氩气夹胶双银LOW-E超白玻璃，规格为15+1.52SGP+15+1.52SGP+15+1.52SGP+15+1.52SGP+15+20Ar+15+1.52SGP+15，玻璃封样要求能满足设计传热系数、遮蔽系数（太阳得热系数）、可见光透射比等参数。玻璃厂家经咨询了解到目前检测机构仅能对50mm厚左右玻璃进行检测。实际试验采用2块样品送检，样品1为15+1.52SGP+15超白钢化夹胶玻璃规格100mm×100mm，样品2为15+1.52SGP+15+1.52SGP+15超白钢化夹胶LOW-E玻璃，膜面朝向空气，玻璃规格100mm×100mm。通过检测1号、2号玻璃样品的光谱投射比、光谱反射比，依据《建筑门窗玻璃幕墙热工计算规程》JGJ/T 151—2008，采用Optics6模拟构建并计算夹层中空玻璃的各项参数。最终实试验室出具了玻璃性能参数检测报告，经设计院确认该玻璃各项检测数据满足设计要求。

（五）加强专项方案审核

监理单位应要求幕墙分包单位编制幕墙工程施工组织设计，并严格审核施工标准、施工工艺流程和检验标准，同时应要求施工单位对50m以上的、采用特殊工艺、吊装超过100kN的超过一定规格的危险较大分部分项工程幕墙施工安全专项方案组织专家论证。危险较大分部分项工程专项方案必须经过幕墙分包单位技术负责人审批签字，并经总包单位技术负责人审批流程后报监理。监理单位审核后签署同意进行专家论证意见，经过专家论证后结论为“通过”的，施工单位可参考专家意见自行修改完善后实施。专项施工方案经论证结论为“修改后通过”的，施工单位应当根据论证报告对专项施工方案进行修改完善，重新履行完内部审批程序并经专家组组长同意后方可实施。专项施工方案经论证结论为“不通过”的，施工单位应当根据论证报告对专项施工方案进行修改完善，重新履行完内部审批程序并重新组织专家论证。重新论证专家原则上由原论证专家担任。

（六）材料监造

本工程玻璃生产及精钢加工件的加工焊接是关键因素。监理要求施工单位严格控制材料加工质量必要时实施驻厂监造。

本工程大玻璃规格超过行业记录，为保证生产加工质量，要求施工单位从玻璃原片上进行控制，超白玻璃原片生产进行驻厂，并采用电脑在线扫描检测原片生产质量，浮法生产线启动，先生产小规格尺寸玻璃，逐渐加大尺寸直到保证3300mm×15600mm规格生产质量稳定可靠，制镜级玻璃时进行切板。超白浮法玻璃运输到深加工单位，先进行大板切割，然后进行本工程特有的多达11种不同拼接角度的磨斜边工序，玻璃上下边根据安装定位要求需进行挖缺口并进行精磨边。玻璃机械加工后进行钢化，然后进行均质处理。之后进行玻璃LOW-E镀膜工序，对LOW-E膜保护处理进行外片5层玻璃夹胶工序，同时内片2层玻璃夹胶，完成后进行5+2的7层玻璃中空注胶，完成后进行充氩气。玻璃成型后四周侧边涂刷2mm结构胶护边，上下端安装定制钢靴钢帽，钢靴钢帽与玻璃之间采用强力混合植筋胶填充粘接固定。生产、养护、加工、运输每道工序都必须严格控制确保质量安全。

本工程玻璃下部支撑钢柱和大玻璃上下钢横梁均为精加工钢件，既要保证焊接强度又要控制加工精度。监理对钢材原材严格控制均进行见证复试检验，复试合格方可进行生产加工。监理总包定期去钢件加工厂进行检查加工质量和焊缝焊脚尺寸以及镀锌层厚度，遇到质量不达标情况要求必须整改返工，并严把首件验收和出厂验收关，未经验收或验收不合格、验收标识不全的不得出厂。

二、施工过程质量控制

（一）进场材料验收及复试

监理工程师对施工单位进场的材料应严格按规范要求批次数量进行复试检验，加强见证试验管理，取样、制样、标识工作应留存相关影像记录，所有复试检测均需监理工程师100%见证，复试检验次数应满足材料验收规范要求。若材料复试不合格不允许二次复试，一律进行退场处理并保留退场记录和相关影像资料。

（二）现场定位及焊缝现场检验

大玻璃的安全精度要求较高。因此对每个横梁的定位必须严格控制。施工时总包移交控制定位点，使用全站仪对每块玻璃的上下横梁进行测量定位。利用立面幕墙BIM模型，将全站仪定位点的坐标数据作为基点，提前计算各玻璃板块上下横梁各个控制点的三维坐标，定位时将上下横梁控制点与计算好的三维坐标进行符合，要求精加工钢横梁点焊前的定位误差控制在3mm。定位经验收合格后方可进行满焊施工作业。

大玻璃安装前在上下横梁相交位置把玻璃对角胶缝中心点放出并做好标记，安装大玻璃时按胶缝中心点进行定位，大玻璃钢靴帽边缘与定位中心点距离控制在5mm方可进行大玻璃就位，以此进行精准定位避免水平方向胶缝累积误差。

大玻璃下部支撑钢横梁之间连接设计为二级焊缝，要求现场打坡口进行全熔透焊接。施工完毕后要求分包单位对每道二级焊缝进行自检探伤。自检探伤合格后报总包检查，总包另行委托检测机构进行100%焊缝探伤检测，根据现场情况出具临时探伤报告，合格后报监理验收，在监理单位见证下进行第三方检测机构无损探伤检测。严格执行三检制度确保焊缝质量满足设计及规范要求。

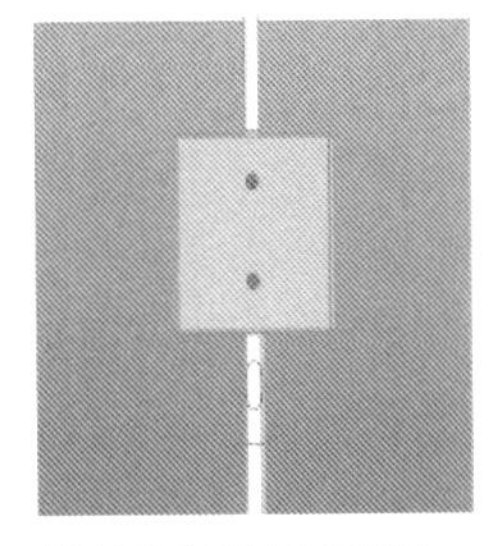

图3　定制夹具临时固定示意图

图4　全玻幕墙注胶施工示意图

（三）幕墙注胶施工控制

该玻璃总厚度132.6mm，斜角相交的构造导致结构胶截面为155mm×35mm左右，扣除中空空气层部位填塞矩形泡沫棒，室外侧结构胶截面约91mm×35mm，室内侧结构胶截面约19mm×35mm。为保证结构胶的注胶质量，要求注胶时间避开冬季，冬期施工安装玻璃后采用定制夹具对大玻璃临时固定（图3），待平均最低温度回升至15℃以上方可进行现场注胶作业（图4）。注胶作业时使用水炮调节环境湿度。现场室外采用起重机吊装双组分打胶机（图4），施工人员在高空曲臂车上进行注胶作业，根据室外结构胶厚度分两次注胶成活，室内侧在脚手架上采用胶枪填注单组分结构胶。注胶完成后加湿控温养护，同时考虑在现场留置同条件注胶样块，在注胶养护期进行结构胶强度测试，待测试结果满足设计强度后方可拆除玻璃临时固定措施。

（四）关键工序施工控制

监理工程师应按设计、规范及方案要求，高标准组织首段（首件）验收及关键工序验收并及时形成验收记录，未经验收或验收不合格，不得进行大面积施工或隐蔽。

幕墙工程关键工序至少包含：后置埋件处理、层间防火封堵、淋水试验检验等。幕墙施工工艺样板应包含：埋件与龙骨安装、连接，面板安装（应能反映埋件、龙骨、伸缩缝、防腐防火等），板块拼缝打胶封闭处理等。

结语

在四新技术的建筑幕墙工程质量控制上，监理工作应广泛深入设计、采购、加工、施工的全过程中，做到在源头和工序细节上进行质量控制，同时要求对危险性较大分部分项内容四新技术组织专家论证，按专家论证意见组织生产加工生产，才能够做好幕墙工程质量控制。

参考文献

[1] 建筑门窗玻璃幕墙热工计算规程：JGJ/T 151—2005[S]. 北京：中国建筑工业出版社，2009.
[2] 钢结构工程施工质量验收标准：GB 50205—2020[S]. 北京：中国计划出版社，2020.

西藏自治区山南市在建工程质量安全现状原因分析及对策研究

杨　艳
苏州城市建设项目管理有限公司

摘　要：本文通过对西藏自治区山南市2021年度第一轮在建工程巡查中发现的工程质量问题、项目安全隐患问题的统计、分析和研究，提出了提高在建项目工程质量及安全的措施建议，以期对提高山南市在建项目的质量、安全管理发挥积极作用。

关键词：质量管理；安全管理；策划；过程控制

苏州城市建设项目管理有限公司根据《西藏自治区建筑工程质量安全生产监督辅助巡查服务项目政府采购合同书》，结合《关于开展建筑工程质量安全辅助巡查抽测工作的通知》要求，于2021年8月对山南市在建项目开展了2021年度第一轮建筑工程质量安全辅助巡查抽测工作。

本次巡查对山南市的琼结县、措美县、桑日县、曲松县、加查县、扎囊县、贡嘎县、乃东区等8个区县的75个在建项目进行了建筑工程质量安全巡查。所抽查的项目均为山南市重点建设项目，涵盖援藏医院、学校、幼儿园、公租房、异地搬迁扶贫、人居环境整治、派出所、戍边公寓、商业综合体及商住楼等社会关注度高的人流密集区项目和社会基础性项目。现场检查中发现的质量、安全问题具有一定的普遍性，本文通过对现场检查发现的质量安全问题的分析研究，提出了提高现场质量、安全管理的措施建议，以期对山南市在建项目的质量、安全管理提供借鉴。

一、巡查项目质量安全现状

从抽查的75个巡查项目整体情况看，参建各方大多能较好地履行基本建设程序，能够按图施工，无违规修改工程设计、无明显违反强制性标准条文、无违法分包等现象，工程质量、安全总体处于受控状态。尽管如此，仍有部分项目责任主体质量安全意识淡薄、管理理念落后、管控措施不到位，以及施工现场存在质量问题、安全隐患等的情况。

（一）巡查项目存在的质量问题

山南市在建项目存在的主要质量问题有工程资料和工程实体两部分。

1. 工程资料方面存在的问题

本次巡查发现工程资料管理不到位的情况较为普遍，存在资料缺失、资料不完整、资料错误及资料与工程实体不同步、归档不及时等情况，主要有以下几个问题。

1）原材料、成品、半成品、构配件资料缺失

多数项目未建立材料见证取样台账，原材料进场未按规定进行报验，多个项目从工程开工到主体施工结束，仅提供一次水泥进场报验或复试报告；钢筋焊接所使用的焊条、机械连接及直螺纹套筒等材料，普遍存在无相关合格证、型式检验报告的现象；钢筋原材料进场质量保证资料中的品牌、炉批号与提供的合格证上的品牌、炉批号不一致；涉及钢结构工程的原材料、构配件进场报验普遍存在盲区等。

2）施工试验报告缺失

多个项目钢筋焊接、机械连接工艺试验报告未做；钢筋焊接、机械连接试

验报告及混凝土试块标准养护等施工试验报告缺失较多。

3）施工记录资料缺失

多个项目存在无混凝土施工记录、结构实体检验记录、填充墙砌体植筋锚固力检测报告；钢结构工程未能提供整体垂直度和整体平面弯曲度测量记录等。

4）工程质量验收资料不完整

检验批、隐蔽验收及分项工程验收记录均有资料缺失或签字不完整现象。

5）地基与基础分部验收记录签字盖章不及时

地基与基础分部验收资料与工程实体不同步，存在设计单位、建设单位签字、盖章普遍滞后现象。

2. 工程实体存在的质量问题

工程实体存在的质量问题主要表现为以下几个方面：

1）钢筋工程

梁、柱端头钢筋锚固长度不满足规范要求，构造柱顶部钢筋植筋数量不足，钢筋机械连接直螺纹加工丝头过长或偏短（拧紧后丝头外露长度超出3个螺距或未露丝头）、端头不平整等。

2）混凝土工程

商品混凝土随机进行见证取样的频率较低，混凝土试块留置不规范，同条件养护试块未在现场养护；混凝土成型观感质量差，存在蜂窝麻面、露筋、胀模、烂根、施工缝后浇带楼板渗漏水等现象。

3）砌体工程

预留施工洞口拉结筋设置不规范、砌块缺棱掉角未处理、砌体灰缝大小不均匀，砌体观感质量差。

4）钢结构工程

多个钢结构工程违规现场开螺栓孔；钢结构安装时节点连接未按要求做受力性能检测等。

5）幕墙及门窗工程

无幕墙型材复试报告；龙骨与预埋件的焊接质量差，焊缝不饱满，焊缝防腐处理不及时；窗框固定件间距偏大，框体不稳固等。

6）水电安装工程

消防水管抗震支架设置数量不足、穿墙套管采用PVC材质；排水管弯头处未设置检修孔；强弱电线（缆）共管敷设；在墙体上开设横槽敷设穿线管；消防线路预埋穿线管采用非金属管；多个项目金属线盒与PVC材质穿线管混用，与电气安装标准图集相悖。

7）半成品、成品保护措施不到位

现场未见到有效的半成品、成品保护措施，存在下道工序污染、损坏上道工序成果的现象。

（二）巡查项目存在的安全管理问题

山南市在建项目现场安全管理存在的问题主要集中在脚手架搭设、特种设备管理、临边防护、施工临时用电等几个方面。

1. 模架、脚手架工程

1）支模架和脚手架无专项施工方案，钢管、扣件无合格证和质量证明材料，搭设前无安全交底记录，架子工未持证上岗，无验收合格标识。

2）普遍存在架体基础未硬化、架体未接地、连墙件设置不规范现象。

3）作业层脚手板未满铺；脚手架与建筑物之间的距离过大，且无硬封堵措施。

4）个别项目脚手架与供电线路距离较近，且无安全防护措施。

2. 起重机械

1）塔吊

（1）部分项目塔吊没有在当地住房和城乡建设部门备案登记。

（2）塔吊运行记录、安全检查记录及维护保养记录提供月数与安装时间、使用时间不匹配，现场多台塔吊运行无群塔作业方案，塔吊主电缆敷设不规范。

（3）塔吊附墙件为现场自制，无设计计算说明和塔机厂家确认书。

2）龙门架

存在的问题主要有：无验收合格标识、无楼层停靠栏杆（防护门）、上限位器装置失灵、卷扬机和上料口防护棚缺失或搭设不规范、无缆风绳。

3. 基坑土方开挖及支护

未能提供基坑工程施工单位资质，未见安全技术交底和第三方基坑监测报告，基坑临边防护措施不到位等。

4. 临边及洞口防护

楼层临边及洞口安全防护缺失现象普遍；电梯井洞口防护缺失，井道内未按规范要求设置安全平网。

5. 悬挑式钢平台

无专项施工方案，或有方案未按照方案进行搭设；卸料平台无限载标牌、无安全技术交底资料、无安装后的验收程序及日常巡视检查记录；违规使用螺纹钢制作吊环；违规将主、副钢丝绳固定端设置在同一部位等。

6. 吊篮

吊篮安装未提供专项施工方案，无验收合格标牌与限载标识；多数吊篮无安全锁检测合格证；操作人员存在无证上岗现象；停用时未按要求将吊篮落地等。

7. 临时用电

1）未能提供现场临时用电管理协议、无施工临时用电设计及施工临时用电交底记录，无人员培训记录。

2）现场申报的电工与实际作业人员不符或无证上岗，甚至发现1名电工跨县域在两个施工现场挂职。

3）临时用电日常管理不到位

临时配电箱无系统线路图；未落实关门上锁制度；违规使用 BV 线、护套线；普遍缺少接地线和重复接地；一闸多机现象较多，多个项目用插线板代替三级配电箱。

二、项目质量问题、安全隐患成因分析

（一）项目质量问题成因分析

1. 质量意识淡薄，现场未建立有效的质量保障体系

施工单位质量意识淡薄，未建立有效的质量保障体系是造成现场质量问题的主要原因，所检查的项目，多数未建立质保体系，现场质量管理人员责任不清。

2. 未按程序组织参加图纸会审和设计交底

设计单位组织的设计交底和建设单位组织的图纸会审工作，主要是让现场施工管理人员明确设计意图和质量、安全管理重点，提前发现和修改设计中的错误。不按程序进行设计交底和图纸会审会使现场质量管理缺少针对性。

3. 质量管理策划不到位

项目质量管理策划不到位，施工组织设计、专项施工方案等项目管理策划文件的编制没有针对性，未在项目实施过程中发挥其有效作用。

4. 人员配备不到位

项目未按照要求配备专职质量员，导致工序施工验收缺失，局部质量失控；多个项目施工单位未按要求配备专职资料员，存在资料外包、资料员及施工资料不在施工现场；检验批、隐蔽验收、分项工程资料滞后、填写不规范等，是资料管理混乱的主要原因。

5. 人员教育培训不到位

未建立有效的作业人员教育培训制度，对作业人员的教育培训缺失；工序作业前的技术交底不到位，作业人员对工序施工的作业标准、作业方法、作业程序、验收标准、常见质量通病及其预防措施不熟悉，施工作业随意，导致实体质量问题较多。

6. 实施过程质量管理不到位

项目实施过程质量管理不到位，未认真落实“三检制”，工序作业完成后未按要求进行自检、互检及专检。

（二）项目安全隐患成因分析

1. 安全意识淡漠，现场未建立有效的安全保障体系

所检查的项目，施工单位安全管理意识淡漠，多数未建立有效的安保体系，现场管理人员安全责任不清，多数项目专职安全员未到岗履职。

2. 安全管理策划不到位

项目安全管理策划不到位，安全管理计划、危大工程清单与危险源辨识、安全专项施工方案、应急救援预案等项目安全管理策划文件的编制没有针对性，未能在项目实施过程中发挥有效作用，多个项目甚至缺少危大工程清单。

3. 人员教育培训不到位

未建立有效的作业人员教育培训制度，三级安全教育流于形式，教育内容没有针对性；工序作业前的安全技术交底不到位，作业人员对作业过程中存在的安全隐患、采取的防护措施及安全注意事项不清楚。

4. 安全过程管理不到位

施工单位对项目实施的安全管理不到位，未按照项目实施的不同阶段进行危险源的动态辨识、分析评价及制定相应的防护措施；项目实施过程中，安全管理人员现场巡查力度严重不足。

三、质量、安全管理

（一）现场质量管理建议

1. 做好项目质量策划和施工质量的过程控制是提高工程质量的有效途径。

1）项目质量策划管理要求

项目质量策划是质量管理的一部分，致力于设定质量目标并规定必要的运行过程和相关资源以实现其质量目标[1]。质量管理策划工作应结合工程特点和条件、合同及业主要求、设计文件、有关标准和技术规范，在分析完善的基础上进行。

项目质量策划的结果是形成文件，即质量计划。质量计划应确定质量目标，明确质量标准和实施途径。

2）项目质量的过程控制

在做好质量策划的基础上，做好质量管理的过程控制。

实施过程的质量控制是决定项目质量管理成败的关键，施工单位要在做好施工组织设计、专项施工方案、测量放线、原材料半成品质量把控、班前质量技术交底的前提下，确保施工机具状态良好，并及时进行工序报验、合格工程量计量和做好成品保护等工作，并使与施工质量有关的人员、机械、材料、施工方法、环境、监测（5M1E）在实施过程中始终处于受控状态，从根本上控制和减小风险。

2. 现场施工质量管理的几点措施建议

建议在项目质量管理上，重点做好以下几项具体工作：

1）建立和完善质量保障体系，明确质量管理人员的质量管理职责，确保质保体系的健康运行。

2）做好质量策划，编制质量计划，

明确施工质量标准和控制目标。

3）按照要求配备专职质检员和资料员，把“三检制”落到实处，严格执行自检、互检、专检制度，做好项目质量的过程控制；制定并落实资料管理制度，专职资料员要按照要求及时进行工程资料的编制、报审、归档等工作，做到工程资料与工程实体同步、完整、有效。

4）把好原材料进场关，原材料、半成品、构配件等施工用物资进场后要按要求及时进行报验，不合格材料要做好标识，单独堆放，及时清理出场，严禁用于工程实体。

5）定期对施工机械、装备、设施、工器具的配置以及使用状态进行有效性检查和（或）试验，以保证和满足施工质量的要求。

6）把图纸会审和设计交底工作做细做实，施工单位技术人员要及时参加设计单位组织的设计交底和建设单位组织的图纸会审工作，明确有关施工的基本风险和管理要求，掌握工程特点、设计意图、相关的工程技术和质量要求，并提出设计修改和优化意见，做到对项目质量的整体把控和重点环节、关键工序的重点把控。

7）制定工序质量控制措施，做好质量管理的主动控制。在工序作业前通过质量技术交底，或每日的班前会将工序作业标准、作业方法、作业程序、施工质量通病及其预防措施、验收标准等向作业人员交代清楚。

（二）现场安全管理措施建议

安全生产是指在社会生产活动中，通过人、机、物料、环境的和谐运作，使生产过程中潜在的各种事故风险和伤害因素始终处于有效控制状态，切实保护劳动者的生命安全和身体健康[2]。因此，安全生产管理要做好安全策划和安全的过程控制。

1. 项目安全管理策划及过程管控

1）项目安全管理策划

安全策划是为了实现工程项目的安全目标，针对项目特点所制定系统的安全管理规划，安全管理策划工作应结合工程特点和条件、设计文件、项目管理范围、公司安全方针目标，充分分析、识别项目各个实施阶段的风险因素、结合具体的施工方案而编制。项目安全策划的结果是形成安全计划。

安全计划应确定安全管理方针及目标，各级管理人员的安全管理职责，危险性较大的分部分项工程的识别、分析和评价，安全检查制度，应急救援管理等。

2）项目安全管理的过程控制

在做好安全策划的基础上，做好安全管理的过程管控。

一是要根据项目实施的不同阶段，做好危险源的动态辨识和管控；二是要加强项目实施过程中的安全巡查和管理，做到对施工现场整体安全状况的全面掌控和对重点部位、关键工序、重大危险源安全状况的实时掌控。

2. 现场安全管理的措施建议

1）建立健全安保体系。明确项目部管理人员的安全职责，确保安保体系的健康运行。

2）做好安全策划管理工作。针对项目特点及具体的施工方案，做好项目环境风险因素的识别和评价；列明危大工程清单，并严格按照危大工程管理要求做好对危大工程施工的过程管理；编制安全教育培训计划和安全交底计划，严格按计划对作业人员进行教育培训和安全交底。

3）做好安全管理工作的主动控制，根据项目实施的不同阶段做好危险源的动态辨识，对识别出的危险源制定有针对性的安全防护措施。

4）做好项目实施过程中的安全巡查和督促工作，对安全措施落实不到位的及时督促整改；加强对重大危险源的巡查力度，做到对重点部位、关键工序、重大危险源安全状况的实时掌控。

5）加大危大工程巡视检查力度。强化施工现场脚手架、模架、吊篮、悬挑式钢平台等施工方案的编制、搭设及验收管理；强化施工现场特种设备管理，严格落实特种设备备案制度；强化地基与基础施工的安全管理，加大基坑监测管理及基坑周边围护等。

6）制定并落实作业面安全检查制度。每天开始作业前专职安全管理人员应对当日作业面进行隐患排查，确保工作环境安全后方可允许施工。

结语

本次巡查中发现的质量、安全问题在山南市的在建项目中具有一定的普遍性，建议在后续的项目管理中加大对质量管理、安全管理的策划和过程控制工作，加强人员资质管理及教育培训管理，加强质量、安全过程管理，在提高管理质量的基础上做好工程质量管理和现场安全控制，不断提高项目实体质量，同时，加大现场安全隐患排查治理力度，确保项目建设顺利实施。

参考文献

[1] 引自ISO9000:2000 质量策划定义。

[2] 中国安全生产科学研究院．安全生产管理[M]. 北京：应急管理出版社，2020.

轨道交通工程建设监理隐患排查治理工作要点

韦华江
北京赛瑞斯国际工程咨询有限公司

摘　要：随着新版北京轨道交通工程建设安全质量隐患排查系统投入使用，结合监理企业对最新修订的安全质量隐患排查与治理管理办法的执行情况，着重介绍监理企业在监理隐患排查与治理工作中存在的主要隐患及应对措施，应加强自身管理及履约意识，从而规避、减少工程安全质量事故的风险，提高安全质量预控的能力。

关键词：轨道交通；隐患排查；信息系统；监理隐患

为贯彻落实《安全生产法》《建设工程安全生产管理条例》和上级部门相关要求，督促落实各方主体责任，抓好质量安全生产工作，监理单位作为城市轨道交通工程质量安全隐患排查的主体责任单位，需建立质量安全事故隐患排查治理长效机制，保障轨道交通工程建设施工质量安全。

北京轨道交通工程建设安全质量隐患管理信息系统自2012年7月投入使用，已运行约8年。随着科技进步，信息化管理程度越来越高，该系统不断升级更新，目前投入使用的V3.0版本，增加了“监理检查要点隐患条目分级”及“监理隐患治理流程”，对监理单位履约管理也提出了更加严格的要求。本文收集了质量安全第三方咨询服务相关资料和统计数据，研究监理单位出现的“监理隐患”情况，并结合标段监理单位对“监理隐患”管理的应对措施，利用监理规范和相关监理程序制定监理工作方法、措施、手段，以监理人员的智慧去消除风险、分散风险、避开风险，研究一套策略和技巧，可有利于监理的自我保护，对规避监理的法律责任有重要意义。真正做到“见之于未萌，防患于未然”，控制、回避和缓解风险。

一、监理隐患

（一）监理隐患概念

监理单位在从事监理活动中存在的可能导致生产安全事故的物的危险状态、人的不安全行为和管理上的缺陷。

（二）监理检查要点隐患条目分级

本系统内置质量安全监理隐患8个大类共计112个：其中一级2个（质量、安全各1个），二级50个（质量23个、安全27个），三级60个（质量23个、安全37个）。

（三）隐患排查人员及频次

1. 总监理工程师（总监代表）每周至少开展1次隐患排查工作。

2. 专业安全监理工程师、专业机电监理工程师、驻地监理工程师每周至少开展2次隐患排查工作。

3. 监理单位驻地监理员每个单位工程（车站、区间），每天至少开展1次隐患排查工作。

（四）监理单位职责

1. 建立施工安全风险分级管控和隐患排查治理监理工作制度，将相应监理工作列入监理规划，制定相应的监理实施细则。

2. 按照《轨道交通工程建设安全质量隐患排查与治理管理办法》开展施工现场的隐患排查工作，对排查出的隐患进行响应、复查与消除。

3. 督促施工单位开展施工现场隐患排查治理工作，参加建设单位组织的隐患排查治理工作，并留存相关记录。

4. 对上级部门排查出的隐患，监督施工单位隐患整改及消除的落实情况。

5. 参加公司及项目管理单位主持召开的安全质量隐患排查治理工作会议，汇报隐患排查治理情况，定期编制隐患排查治理工作报告。

6. 定期通报施工单位隐患排查治理工作情况。

7. 对施工单位安全质量隐患排查治理工作进行监督管理与考核，并将考核情况纳入对施工单位的履约评价中。

8. 提供隐患排查治理相应岗位人员信息，核实施工单位隐患排查治理相应岗位信息。

9. 对所监理的工程开展隐患排查治理工作，并保障所需要的人员、设备及相关费用。

二、监理隐患排查治理规定及要求

（一）监理安全质量隐患排查治理范围及权限

监理隐患按照安全质量监察总部、安全质量巡视单位、项目管理单位和监理单位 4 类排查主体发布的 3 个级别隐患，分别设置 4 类 12 项监理隐患排查治理工作程序，流程中总监理工程师与总监代表共用一个账号。本文以安全质量监察总部委托的第三方安全巡视单位（北京轨道交通工程安全巡视组）为主进行介绍。

（二）隐患排查治理响应时限

根据施工隐患和监理隐患的流程设置，各单位隐患响应角色需在 8 小时内登录信息系统响应。响应时间自隐患排查发布开始计算，相关单位人员按要求在系统上响应；整改时间自隐患排查发布开始计算，与响应时间并行计算。

（三）隐患排查治理文档要求

1. 项目管理单位、监理单位及施工单位应对安全质量隐患排查治理工作情况及时编制周报及相关专项报告，并按以下时限要求上传至隐患排查治理信息系统：

1）周报于每周五上午 12 点前上传至隐患排查治理信息系统。

2）相关专项报告应在专项工作结束后 3 日内上传至隐患排查治理信息系统。

2. 隐患排查、治理与消除工作，必须同时上传影像资料。

3. 施工安全质量隐患整改通知单、施工安全质量隐患整改回复单、监理安全质量隐患整改通知单、监理安全质量隐患整改回复单及工作联系单、监理通知单、工作联系回复单、监理通知回复单等资料应及时存档。

4. 监理、施工单位更换本办法规定的被考核人员须向项目管理单位安全质量管理部门提交书面文件，项目管理单位安全质量管理部门上报轨道公司安全质量监察总部备案。

（四）考核机制

监理单位考核分为对总监理工程师办公室考核和驻地监理工程师办公室考核。驻地办按照规定考核计算得分，总监办所辖各驻地办考核得分累计平均值扣除总监办扣分即为总监理工程师办公室考核得分。

1. 自身上报的隐患不记分。

2. 未按本规定进行排查的，对被考核单位每一角色每一次记 5 分。每月未排查违规超过 3 次的单位在系统上标识。未按本规定进行响应、复核、消除的，对被考核单位每一次记 5 分。

3. 监理自身责任的隐患未按本规定整改，被复查单位认定整改不到位的，对监理单位每一次记 10 分。

4. 监理单位自身责任的隐患排查不到位，对监理单位按隐患等级进行扣分。按照每条一级隐患记 5 分，每条二级隐患记 2 分。

5. 因施工单位的隐患，监理单位排查不到位，而被政府有关部门、轨道公司、项目管理单位发现的，对监理单位按隐患等级进行扣分，按照每条一级隐患记 5 分，每条二级隐患记 2 分。

6. 对施工单位的隐患，整改复查后提交核准申请，被核准单位认定整改不到位的，对监理单位每一次记 10 分。

三、监理隐患分析

（一）监理隐患统计

通过北京轨道交通工程安全巡视组，收集了 2020 年 4—6 月新增监理隐患，涉及本公司北京地铁 12 号线 03 标监理及北京地铁安全巡视监理 01 标，分别进行了数据统计汇总，并根据每月百分比大的前十个新增监理隐患进行梳理，绘制了北京轨道交通工程建设隐患排查治理：12–3 标新增监理隐患 4—6 月统计汇总表示意图（图 1）及 17 号线新增监理隐患 4—6 月统计汇总表示意图（图 2）。

（二）监理隐患分析

1. 地铁 12–3 标监理（1 个总监办）

1）4—6 月发生新增监理隐患类型共计 14 项，其中 1~5 项，连续 3 个月出现；6~8 项，2 个月出现；9~14 项只发生一次。

2）连续 3 个月都出现的监理隐患，

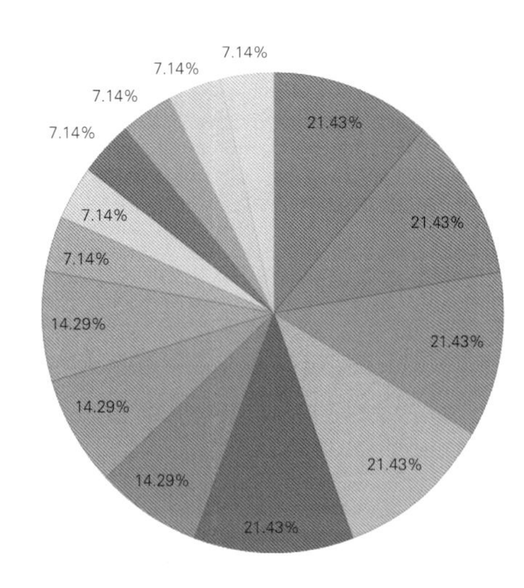

图1 12−3标新增监理隐患4—6月统计汇总表示意图

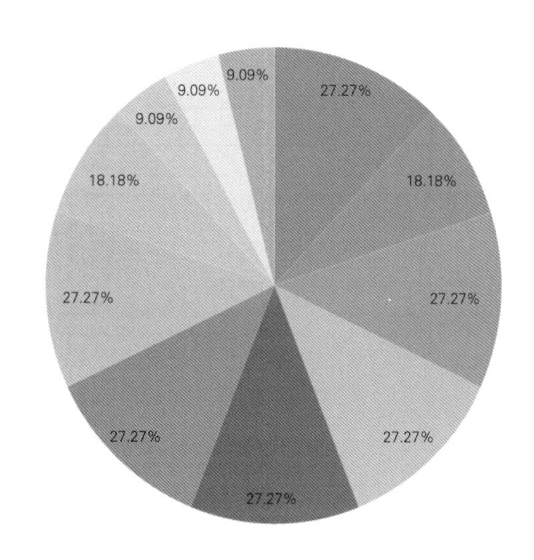

图2 17号线新增监理隐患4—6月统计汇总表示意图

说明监理人员重视不够。

3）监理隐患等级都是三级，说明监理项目部重视二级以上隐患管理，严控其发生的概率。

2. 地铁17号线全线监理（7个总监办）

1）4~6月发生新增监理隐患类型共计11项，其中1、3~7项，连续3个月出现；2、8项，2个月出现；9~11项只发生一次。

2）连续3个月都出现的1、3~7项监理隐患，说明是各监理单位共性问题。

3）监理隐患等级：二级隐患分别出现3次和2次，分别是第1项“施工过程中未对违反安全、质量管理法规或操作规程的行为签发监理通知”和第2项“未及时组织检验批，分部、分项验收”。

3. 相同点

1）都是以第三方安全巡视监理检查数据进行汇总统计。

2）共性隐患7项：①监理日志内容记录信息不全或日志跟进不及时；②巡视或检查内容不符合有关规定及巡视检查记录不真实、不全面；③未按规定开展安全质量巡视和检查；④未对整改落实情况进行复查；⑤对方案的针对性、可行性、可靠性和全面性没有明确、具体的审查结果；⑥旁站监理记录形成不及时，内容不全面、不真实；⑦未及时组织检验批，分部、分项工程验收。

3）“监理日志内容记录信息不全或日志跟进不及时”及“未按规定开展安全质量巡视和检查”隐患连续3个月发生。

4. 不同点

1）分析的监理单位不一样，12号线仅对1个总监办进行统计分析，而17号线对7个总监办进行统计分析，具有代表性。

2）地铁 17 号线全线监理出现两个二级隐患，说明有些监理单位在重大隐患管控上有较大缺失，工作不到位。

3）12–3 标监理与地铁 17 号线全线监理在这连续 3 个月的监理隐患，不完全一样。

四、监理隐患排查工作要点

根据以上监理隐患统计及分析，为加强监理企业自身管理水平，制定如下工作要点：

1. 根据新颁布的《轨道交通工程建设安全质量隐患排查与治理管理办法》，总监办要制定《安全质量隐患排查监理工作制度》，规范监理人员工作行为。

2. 总监制定阶段工作目标，明确分工，并对员工工作方式方法进行正确引导。

3. 针对轨道交通工程建设安全质量隐患排查与治理工作，由专业监理工程师编制针对性监理实施细则，明确隐患排查内容、工作程序、方法及措施。

4. 总监要组织项目全员进行《轨道交通工程建设安全质量隐患排查与治理管理办法》及隐患排查与《安全质量治理监理实施细则》培训交底。

5. 总监要以身作则，加强过程管控，定期对监理部现场监理人员日常工作进行评价。

6. 总监办要坚持晨会和晚会制度，经常性地开展隐患排查及奖励处罚活动，形成有效的隐患举报排查治理奖励机制，发挥基层职工的安全监督作用。

7. 现场监理人员要将隐患排查纳入日常工作范畴，深入施工现场进行隐患排查工作，督促落实隐患排查治理管理制度，有效地落实监理的安全监管职责。

8. 严格控制重大隐患的发生，避免已经出现的隐患重复出现。

9. 加强内外部协调管理，确保信息通畅，确保有效的工程信息作为工作决策依据。

10. 深化和提高员工责任心，注重团队意识及团队执行力。

11. 隐患排查工作也要执行 PDCA 循环管理方式，不断改进工作方法，不断提高自身职业素养，按照合同约定，履约达标。

五、经验总结

监理单位代表建设单位对施工质量安全实施监理，监理人员的水平关系着建设管理的水平，关系着工程质量、安全、工期等目标能否实现。

为了加强对监理项目部的管理，监理单位务必做到“六个到位”，有效落实监理责任：

1. 监理人员到位，监理人员按规定在岗认真履职，对工程施工进度、施工内容、工程质量等情况做到悉数了解。

2. 监理人员思想到位，监理是代表业主单位对施工质量实施监督管理，所以监理单位要处理好与施工单位之间的工作关系，并与甲方保持一致，严格管理好施工单位。

3. 现场质量管控到位，监理人员应依照有关法律、法规，以及有关技术标准、设计文件和建设工程承包合同对施工质量进行管理，需要强调的是，监理人员在工地必须对照施工蓝图进行检查。

4. 安全文明检查到位，施工现场不得出现严重安全事故隐患。

5. 对大数据分析要到位，充分掌握并利用各信息平台系统和大数据分析系统，将存在的问题分析透彻，以便提供决策依据。

6. 汇报及时到位，发现严重问题要即刻向相关单位报告，避免重大风险发生。

结语

项目监理部应健全管理体系，制定质量安全隐患排查治理相关制度，明确监理项目部各成员岗位的职责，制定详尽的监理工作程序，加强监理项目部内部的学习交流和培训，增强自我保护意识，避免责任风险。

项目监理部应认真开展日常质量安全隐患排查治理工作，对排查发现的隐患要进行分级管理，并严格按照“三定”原则进行整改，确保第一时间消除隐患，对检查中发现的质量安全隐患，督促施工单位及时采取停工整改、限期整改等措施，对整改不力的应严格采取合同履约措施。对当日质量安全隐患的排查治理情况应专门建立登记台账，对整改到位、隐患消除的时限要求及时销账。

项目监理部应充分利用安全质量隐患排查系统，加强内外部交流协作，确保信息畅通。同时，项目监理部应加强自身管理及履约意识，从而规避、减少工程安全质量事故的风险，提高安全质量预控的能力。

参考文献

[1] 丁树奎. 城市轨道交通工程安全质量隐患的排查治理 [J]. 都市快轨交通，2012，25（6）：43–47，56.
[2] 程云兰. 浅谈安全质量隐患排查治理系统的运用 [J]. 科技创新导报，2017（4）：139–140.
[3] 周延. 试论轨道交通工程安全质量隐患的排查治理 [J]. 价值工程，2014（3）：106–107.

义乌市机场路立交化改造工程匝道钢箱梁监理控制要点

马自成

浙江致远工程管理有限公司

摘　要：钢箱梁是用钢材作为主要建造材料的桥梁主梁结构。钢材具有强度高，刚度大的特点，相比混凝土箱梁可以减少梁高和自重，一般采用工厂预制，工地拼装，施工周期短，加工方便且不受季节影响，但耐火性、耐腐蚀性差，需经常检查、维修、养护费用高。

关键词：钢箱梁；监理；控制要点

一、工程概况

义乌市机场路立交化改造工程北起国贸大道，南至工人路，道路总长约3.55km。

国贸大道立交为全互通涡轮型立交，立交匝道采用两种结构形式，其中曲线段采用钢箱梁，直线段或大半径曲线段采用现浇预应力混凝土连续箱梁。

（一）设计概况

匝道Psw03~Psw05、Psw05~Psw09、Pse01~Pse05、Pws03~Pws06、Pws06~Pws08、Pes17~Pes19采用钢箱梁，最大跨径45m。其中Psw05~Psw09、Pse01~Pse05、Pes17~Pes19钢箱梁梁高2.2m，其余钢箱梁匝道梁高1.8m。Psw03~Psw05和Pes17~Pes19匝道为变宽段，结构宽度8.2m。外腹板斜率与相邻现浇混凝土梁外轮廓对齐设置（表1）。

标准横隔板间距3.0m左右，中点增设一道腹板竖向加劲。支点横隔板间距1.0~2.0m不等，其横隔板铅垂布置。

根据受力区段不同，钢箱梁顶板采用14mm、16mm（Pes17~Pes19外挑横梁顶板加厚至20mm），底板采用14mm、20mm，腹板采用12、16mm，普通横隔板采用12mm，Pes18、Pes19和Psw05处外挑横梁两侧腹板采用16mm，支承横隔板采用20mm，如有局部冲突，以图纸及材料数量表为准。

顶板加劲采用U肋及I肋加劲，标准U肋上口宽300mm，下口宽180mm，高280mm，靠近防撞墙侧局部采用I肋或矮U肋；底板及腹板加劲肋均采用I肋，根据母板厚度不同采用板厚12mm和16mm；普通横隔板水平加劲肋为12mm×100mm，竖向加劲肋为10mm×100mm。

钢箱梁采用支架吊装施工方法：钢结构分段构件通过陆运运输至场地，并吊装至临时支架上完成焊接，直至全桥合拢后拆除支架即可。

（二）周边环境

根据总包方总体施工进度计划，结合对桥位吊装场地的实地调查，钢箱梁吊装周边环境情况如下：

义乌机场路立交化改造工程，北起国贸大道，南至环城南路为新建工程，钢箱梁主要分布机场路两侧，根据业主单位提供的本工程管线分布图，结合现场管线调查，钢箱梁吊装区域没有重要管线分布。桥位上方无高压线，周边无高大建筑物等影响吊装的高空物体。个别路口红绿灯、路灯杆件根据吊装工况要求可拆除，绿化带根据需要可挖除硬化。

根据以上吊装周边环境分析，对本工程的钢箱梁吊装的安全造成影响的主要因素为现状交通的车辆、行人等。

现状交通的影响问题，采取将梁段吊装安排在夜间，并避开交通繁忙的时段，另一方面通过交警部门发布限行通告方式，疏导吊装施工期间的通行车辆。同时在钢箱梁吊装期间，加强对吊装设备、运输车辆的警示、隔离，现场安排专人负责疏导期间的机动（非机动）车辆、行人，以确保吊装期间的安全。

（三）施工平面位置

见图 1 工程施工平面图。

（四）匝道钢箱梁信息

见表 1 所示。

匝道钢箱梁信息表　　表 1

序号	墩号	跨径布置/m	道路中心梁高/m
1	ws03~ws06	27.4+26.3+27	1.8
2	ws06~ws08	25+24.04	1.8
3	es17~es19	37+37	2.0
4	sw03~sw05	30+35，593	1.8
5	sw05~sw09	29.907+31+45+35	2.2
6	se01~se05	37.5+39.5+42+35	2.2

二、钢箱梁施工准备阶段监理控制要点

（一）审查施工组织设计

审核钢箱梁制作和运输安装施工组织设计。制作工艺内容应包括各分项的质量标准、技术要求和为保证产品质量制定的具体措施。运输与安装施工组织设计内容应包括运输线路的选择及吊装机械的选择。监理工程师审查重点是钢箱梁制作及安装质量是否有可靠、可行的技术组织措施。

（二）开工前材料准备阶段监理

监理工程师必须把好材料关，钢箱梁制作使用的材料必须符合设计文件和现行有关标准，必须有材料质量证明并进行复检；钢材应按炉批号、材质、板厚抽检试件，焊接与涂装材料应按有关规定抽样复检，复检合格后方可使用。

监理工程师要做见证和抽样试验，合格后，方可批准施工单位材料进场、使用。

（三）开工前技术准备

1. 督促施工单位进行焊接工艺评定试验工作，审批施工组织设计。

2. 施工图、施工技术、制造加工工艺，组拼胎架设计已完成，各种检查记录齐全，已做监理备查。

3. 有质量保证体系、安全保证体系，开工前的各项工作已准备就绪。

（四）上岗人员

检查所有上岗人员，包括切割工、焊工、卷板工、机床操作工、无损探伤检测人员、试验人员上岗证。

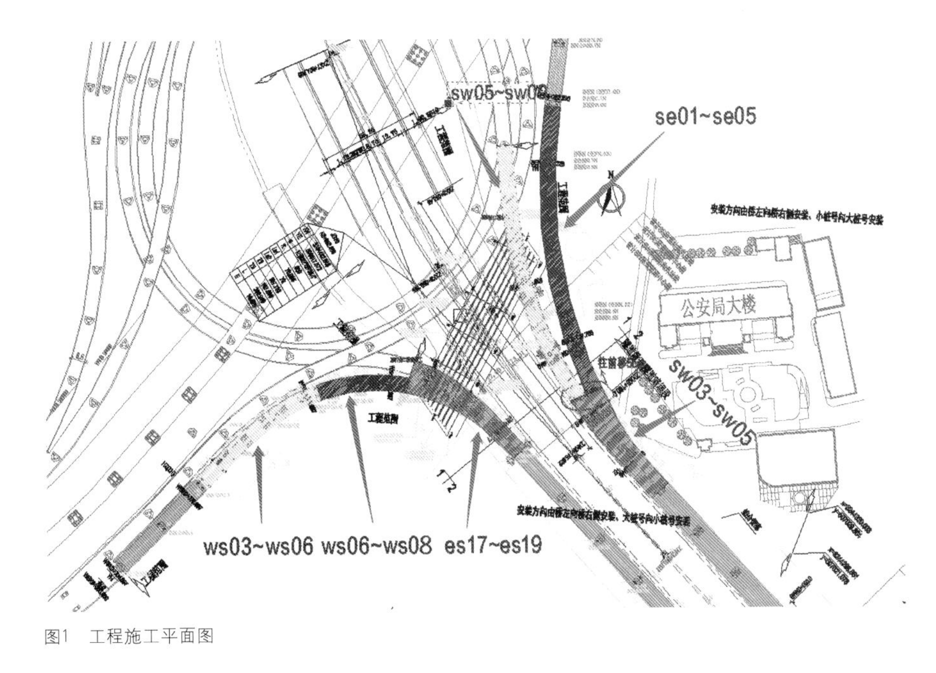

图1　工程施工平面图

三、钢箱梁制作阶段的监理控制要点

监理工程师要充分重视制作阶段的监理工作，要切实搞好事前和事中控制。在制作阶段进度控制方面，还要注意制作进度与下部结构施工进度、钢箱梁安装的衔接与协调问题。

（一）放样、下料、矫正

1. 钢板放样和下料应根据施工图和制造工艺进行，并按要求预留加工余量、焊接收缩余量、切割刨边余量。对于现状复杂的零件，在图中不易确定尺寸的应通过放样核对后确定。

2. 放样、下料前必须检查钢牌号，确认无误后方可下料，构件尺寸超过板材尺寸应先对接后下料。

3. 钢板不平直、生锈、有油漆等污物影响下料或切割质量时，应矫正清理后再下料。

（二）钢箱梁焊接质量控制要点

1. 焊接必须按照经焊接工艺试验后制定的焊接工艺规程与质量检验标准，在确保焊接质量的前提下进行。上岗焊工必须经考试合格并取得合格证方可上岗施焊。焊接及检验设备应齐全。

2. 检查项目：焊缝位置、外形尺寸

必须符合图纸和焊接工艺要求，焊波均匀，不得有裂纹、未熔合、假渣、焊瘤、咬边、烧穿、弧坑和针状气孔等缺陷，焊接区无飞溅残留物，焊缝必须打磨光顺，焊缝外观质量符合规范要求。

3. 焊接材料必须有出厂证明，二氧化碳气体纯度应大于 99.5%。

4. 对接方法优先采用埋弧自动焊，现场拱肋对接采用手动焊，平杆腹杆相贯线、倒坡口与拱肋的角焊二氧化碳气体保护焊打底，不能用埋弧焊的采用手工焊，工厂与现场对接钢管坡口、表面处理以及内衬条规格必须符合设计要求。手工焊要求有资质、水平高的焊工进行，接焊缝表面各焊缝交接处的凹处最低不得低于钢管表面。

5. 埋弧对接焊缝的两端按规范设置引、熄弧板。焊条、焊丝、焊剂材质与弧坑和针状气孔、凸点及飞溅残留物不允许有咬边。发现未熔合时要补焊，并打磨光顺。

6. 顶部位焊前必须检查焊脚坡口尺寸，根部间隙必须符合要求。

7. 埋弧自动焊必须距设计焊缝端部 80mm 以外 iade 引板上起、熄弧。

8. 对接焊缝和熔透角焊缝在焊接背面的第一道焊缝之前要将熔渣清除干净。

9. 焊接宜在室内或防风格、防雨设施内进行，湿度不宜高于 80%。焊接环境温度，低合金高强结构钢不低于 5℃，普通碳素结构钢不低于 0℃。主要杆件应在组装后 24h 内焊接。

四、钢箱梁试验检测工程监理控制要点

钢箱梁制作安装试验检测项目主要有：钢材原材有关项目的检测，焊接工艺评定试验，焊缝无损检测高强螺栓扭矩稀疏或预拉力试验、高强螺栓连接抗滑移系数检测等。钢箱梁试验检测监理应督促施工单位及时委托有相应资质的检测机构进行，坚持取样、送检见证取样制度。

五、钢箱梁吊装监理控制要点

（一）钢箱梁分段

1. 分段思路

根据公路运输条件、桥位环境、设计施工图要求、钢厂轧制钢板规格、桥位架设、交通改道等多方面因素考虑，对钢桥梁进行合理的纵向分段、横向分块，划分成适于加工制造的不同梁段。

2. 审核 sw03~sw05 跨钢箱梁分段方案

本联钢箱梁为 sw03~sw05 两跨 65m（30+35），纵向共分为四段，分别为 A 段 24.2m、B 段 11.2m、C 段 14.7m、D 段 16.6m，横向 AB 段划分 2 块主梁和 2 块挑臂、CD 段划分 3 块主梁 +3 块挑臂进行制作加工运输。

3. 审核sw05~sw09、se01~se05 跨钢箱梁分段方案

sw05~sw09 跨纵向共分为 6 段，分别为 A 段 23.5m、B 段 19m、C 段 24m、D 段 22.6m、E 段 25m、F 段 28.5m，横向各分为 4 段（即 2 段主梁 +2 段挑臂）进行制作加工运输。

se01~se05 跨纵向共分为 7 段，分别为 A 段 21m、B 段 21m、C 段 21m、D 段 16.4m、E 段 21m、F 段 20m、G 段 29m，横向各分为 4 段（即 2 段主梁 +2 段挑臂）进行制作加工运输。

4. 审核 es17~es19 跨钢箱梁分段方案

es17~es19 跨纵向共分为 5 段，分别为 A 段 14m、B 段 18.5m、C 段 12m、D 段 12m、E 段 18.5m，横向 A 段分为 4 段主梁、BCD 段分为 3 段主梁、E 段分为 2 段主梁进行制作加工运输。

（二）审核钢箱梁临时支墩设置

本项目钢箱梁均采用支架法吊装安装，施工前需要在钢箱梁分段处搭设临时支撑。

1. 临时支墩结构形式

本次钢箱梁临时支撑共分两种形式，分别为 6m×2.2m、12m×2.2m， 采用双排柱支撑形式，高度根据桥底标高调整。支撑架立柱采用 ϕ400mmx10mm 钢支撑，柱间螺栓连接；分配梁采用单片 HN700x300 型钢；钢支撑间采用 14 号槽钢连接；分配梁与箱梁底板间调节短柱采用扣拼 20 号槽钢，扣拼槽钢上口线型同该部位钢梁底板线型一致，箱梁就位后，将其与箱梁底板间断焊接。H 型钢及槽钢均为热轧型钢。

2. 临时支墩基础结构形式

支墩基础采用 C30 混凝土刚性基础，尺寸形式均为 3.6m×1.5m×0.5m，钢管立柱与基础采用预埋件连接固定（间断焊接）。每个钢管立柱下预埋 1 块预埋件，预埋件尺寸为 0.52m×1.0m×0.012m，为避免预埋钢板下空鼓，事先在钢板中心气割 ϕ150mm 圆孔排气。基础上下各铺设一层钢筋网，钢筋采用直径为 16mm 的二级钢筋间距为 150mm；支架基础大部分在原有的沥青路面上浇筑；局部为原绿化带或承台开挖后回填土，此区域设置临时支墩基础前需对土路基进行换填压实处理，上层需采用 120cm 厚宕渣换填。地基处理完成后的承载力根

据试验确定地基承载是否满足要求，如不满足要求，进行处理，直至满足支架要求的承载力和地基沉降量：最大压力荷载 N_1=264kN+30kN(支架自重)=294kN。

3. 梁端临时支撑设置

主梁采用分段吊装工艺，吊装前在两侧盖梁支座附近设置临时支撑（调节短柱），临时支撑采用 20cm×20cm 方管，方管两头用 30cm×30cm×1.2cm 钢板封口。支撑高度按梁底与支座上钢板脱空 1cm 控制，每片钢梁两端各设 2 个支点。待桥面施工完毕后，拆除支撑，完成体系装换。

（三）钢箱梁吊装

1. 审核吊装顺序

根据设计要求，并经过多次踏勘桥址，现场模拟吊装，结合钢桥梁结构确定钢箱梁架设方案。

主梁段采用分段吊装，sw03~sw05 跨吊装顺序为 A1–A2、B1–B2、C1–C3、D1–D3；sw05~sw09 跨吊装顺序为 A1–A2、B1–B2、C1–C2、D1–D2、E1–E2、F1–F2；se01~se05 跨吊装顺序为 A1–A2、B1–B2、C1–C2、D1–D2、E1–E2、F1–F2、G1–G2；ws03~ws06 跨吊装顺序为 A1–A2、B1–B2、C1–C2、D1–D2、E1–E2；ws06~ws08 跨吊装顺序为 A1–A2、B1–B2、C1–C2；es17~es19 跨吊装顺序为 A1–A4、B1–B3、C1–C3、D1–D3、E1–E2。吊装 es17~es19 跨 B 段采用 450t 汽车式起重机单机吊，sw05~sw09 跨 D、E 段采用 300t 汽车式起重机单机吊，其余梁段均采用 130t 汽车式起重机双机抬吊。

2. 审核起重机械选型

1）钢箱梁吊装：现场钢箱梁分段吊装采用 2 台 130t 汽车式起重机双机抬吊联合作业；300t 和 450t 单机吊作业，挑臂安装采用 25t/50t/80t 汽车式起重机单机作业。

2）起重吊装采用吊索具及技术参数：吊装采用的吊索具全部由正规厂家供货并出具合格证书，吊索具都由专业人员保管和发放，每次吊装前都经过专业机械工程师安全员做外观检验，达到报废条件的吊索具不允许继续使用。每次起吊前都由安全员对吊索具进行确认，同时也对吊运环境进行确认，合格后方可进行吊运工作。

六、钢箱梁除锈及涂装工程监理控制要点

1. 检查涂装原材料的出厂质量证明书。

2. 涂装前彻底清除构件表面泥土、油污等杂物。

3. 涂装施工应在无尘、干燥的环境中进行，且温度对环氧类漆不得低于 10℃；对水性无极富锌防锈底漆、聚氨酯漆和氟碳面漆不得低于 5℃，湿度不高于 80%。底漆、中漆涂层最长暴露时间不宜超过 7 天，两道面漆的涂装间隔时间也不超过 7 天；如果超过，应先用细砂纸将涂层表面打磨成细微毛面，再涂装后一道面漆。

4. 涂刷遍数及涂层厚度要符合设计要求，每涂完一道涂层应检查干膜厚度，出厂前应检查总厚度。

5. 对涂层损坏处要做细致处理，保证该处涂装质量。

6. 检查涂层附着力。

7. 涂层表面应平整均匀，不应有漏涂、剥落、起泡、裂纹和气孔等缺陷；金属涂层的表面应均匀一致，不应有起皮、鼓包、大熔滴、松散粒子、裂纹和掉块等缺陷。

七、钢箱梁制作、安装的安全监理要点

1. 临时用电线路是否架设整齐，不得成束架空敷设，也不得沿地面敷设。

2. 手持电动工具的电源线插头和插座必须完好，电动工具的外绝缘要完好，维修和保管要专人负责。

3. 每台电焊机要单独设置开关，电焊机外壳做接地或接零保护，焊把线要求双线到位，不得借用金属管道，轨道及结构钢筋做回路地线，焊把线要求无破损，绝缘良好。

4. 钢箱梁吊装时，要求有资质专业人员指挥。

5. 特种作业人员必须持证上岗，并按规定佩戴个人防护用品。

6. 高处作业时所用物料堆放整齐，不可堆放在临边附近。

7. 所用安全防护设施和安全标志等，任何人都不得毁坏或擅自移位和拆除。

八、环境保护的监理控制要点

1. 防止大气污染，具体体现在喷砂除锈，喷漆时选择微风或无风的天气，裸土和散装砂子应及时覆盖。

2. 要求使用无苯涂料和油漆。

3. 防止噪声污染，要求施工单位采用低噪声设备，合理安排工期。

4. 防止强光污染，要求施工单位施工时，必须加挡光板，防止扰乱邻近居民正常生活。

谈监理在审查超规模危大工程施工方案中的作用和工作要点

吴昭欣
江苏恒泰丰科建工程有限公司

摘　要：监理在工程中经常遇到超规模危大工程专项施工方案需专家论证，监理如何做好相应的工作，结合本人在项目中实践，与各位探讨学习。

关键词：专项方案；专家论证；作用；工作要点

工程项目施工过程中可能会有多个超规模危险性较大的分部分项专项施工方案需经专家评审，本人参与盐城市某花园二期项目和某道路改造及地下通道工程项目监理工作期间遇到的需专家评审的专项施工方案（表1）。

依据《危险性较大的分部分项工程安全管理规定》（住房和城乡建设部第37号令）、《住房城乡建设部办公厅关于实施〈危险性较大的分部分项工程安全管理规定〉有关问题的通知》（建办质〔2018〕31号），《江苏省房屋建筑和市政基础设施工程危险性较大的分部分项工程安全管理实施细则》（2019版）（苏建质安〔2019〕378号）（下文简称“细则”）涉及超一定规模的安全危险性较大的专项施工方案，施工单位应当组织召开专家论证会进行论证，专家论证前专

表1

序号	分部分项工程	内容	实施时间及说明	结论
1	起重吊装及起重机械安装拆卸工程（花园二期项目）	采用非说明书基础形式进行安装的塔式起重机安装工程	塔吊安装前，对采用桩基基础提高地基承载力的该专项方案进行专家论证	通过
2	起重吊装及起重机械安装拆卸工程（花园二期项目）	采用非说明书基础形式进行安装的塔式起重机安装工程	塔吊安装使用后，因采用转换节基础形式，按要求补充对该专项方案的专家论证	通过
3	脚手架工程（花园二期项目）	悬挑式花篮拉杆钢管脚手架	脚手架搭设完成使用后，因新工艺，按要求补充对该专项方案的专家论证	通过
4	深基坑工程（道路改造及地下通道项目）	最大开挖深度10m，局部开挖深度12.5m的土方开挖、支护、降水工程	工程施工前，对该设计施工图、专项施工方案进行专家论证	修改后通过
5	模板及支撑体系（道路改造及地下通道项目）	混凝土顶板厚度1000mm，采用承插型盘扣式满堂支架工程	施工前，对该专项施工方案进行专家论证	第一次（因项目经理缺席）未通过；第二次修改后通过
6	深基坑工程（道路改造及地下通道项目）	基坑监测	基坑监测实施后，按要求补充对该监测方案的专家论证	第一次未通过（因具体参数不符合设计要求）；第二次通过

项施工方案应当通过施工单位审核和总监理工程师审查。

因此监理人员必须清楚自己在方案评审中的作用，掌握审查的目的、要点和方法，监理在方案专家评审中工作主要分三个阶段：方案评审前、方案评审过程中和方案实施过程中。

一、评审前的监理工作要点

（一）专项施工方案提交专家评审前项目监理机构审查工作要点

1. 符合性审查

1）熟悉《细则》中《超过一定规模的危险性较大的分部分项工程范围》（附件 2）；设计文件中注明涉及的重点部位和环节；根据开工后工程实际细化、补充危大工程清单，如上述表 1“序号 2”“序号 3”的相关工作。避免因监理机构未能及早将相关工程列入超规模危险性较大的分部分项工程清单，被第三方检查后发现遗漏，造成工作被动。超规模危大工程的施工方案应当在施工前编制，即因工程施工实际细化需补充的危大工程，施工单位应按要求立即组织专家评审。

2）专项施工方案应该由施工单位工程技术人员根据国家和地方现行有关标准规范，结合施工现场实际情况编制。实行施工（工程）总承包的，专项施工方案应当由施工总承包单位编制。危大工程实行分包的，专项施工方案可由相关专业分包单位组织编制。

3）施工方案的封面上应有分部分项专项施工方案名称、工程名称、工程地点、施工单位等信息，及编制单位、编制人签字、项目技术负责人签字、编制日期；审批单位盖单位公章、审核人签字（技术、质量、安全等单位相关职能部门的负责人）、审批人签字（施工单位技术负责人）、审批时间等。危大工程实行分包并由分包单位编制专项施工方案的，专项施工方案应当由分包单位技术负责人及总承包单位技术负责人共同审核签字并加盖各自单位的公章。超规模的危大工程，施工单位应当组织召开专家论证会对专项方案进行论证。实行施工总承包的，由施工总承包单位组织召开专家论证会。

4）专项施工方案应当通过施工单位审核和总监理工程师审查，监理工程师应提出审查意见，通过后再提交专家论证。

2. 审查依据

1）审查专项施工方案是否符合国家、行业部门、地方现行的法律法规、技术规范规程、设计文件、施工合同等相关文件要求，是否符合本工程结构安全和使用功能要求，是否符合本工程实际施工条件和环境要求。

2）审查施工组织管理体系是否健全，人员配备是否符合职务、岗位、技术能力等相关规范要求。

3）审查方案的可行性、针对性、完整性。

3. 技术性审查

1）审查专项施工方案的主要内容是否符合要求，主要内容应该包括：

（1）工程概况：危大工程概况和特点、场地及周边环境情况、施工平面布置、施工要求和技术不足条件等。

（2）编制依据：相关法律、法规、标准、规范、规范性文件及施工设计文件、专项设计方案、施工组织设计等。

（3）施工计划：包括施工进度计划、材料与设备计划等。

（4）施工工艺技术：技术参数、工艺流程、施工方法、操作要求、检查要求等。

（5）施工安全保证措施：组织和技术保障措施、监测监控措施等。

（6）施工管理及作业人员配备和分工：包括施工管理人员、专职安全生产管理人员、特种作业人员、其他作业人员等配备和分工。

（7）验收要求：验收标准、验收程序、验收内容、验收人员等。

（8）应急处置措施。

（9）计算书及相关施工图纸等。

（10）环境保护、文明施工及各方协调等。

2）不同的分部分项的专业特点审查：

（1）深基坑工程

结合该道路改造及地下通道工程项目主要有基坑支护设计施工图审查；深基坑开挖及支护专项施工方案审查；降水专项施工方案审查；基坑监测量测方案审查等。

（2）模板工程及支撑体系

该道路改造及地下通道工程混凝土顶板厚 1000mm，超过 350mm 板厚的细则要求。

（3）起重吊装及起重机械安装拆卸工程

本项目花园二期工程采用非说明书中基础形式安装塔吊（桩基）；在安装时使用了转换节基础形式。

（4）脚手架工程

本项目花园二期工程采用悬挑式花篮拉杆钢管脚手架新工艺。

3）计算书审查：

专项方案中涉及的相关计算应审查其技术参数是否正确，计算内容、计算结果是否符合要求。

4. 完整性审查

专项方案应符合国家的技术政策，符合承包合同规定的条件，施工现场条件及相关法规的要求，突出工期、质量、安全、环保、造价等；应包含《建筑施工组织设计规范》GB/T 50502—2009规定的基本内容。

5. 可操作性审查

施工专项方案的各项内容流水段划分、施工顺序的逻辑关系、劳动力配置、按进度计划要求、施工现场平面布置按施工阶段分别绘制情况、根据施工地点气候特点提出的针对性季节施工措施、各项交叉作业需符合实际安全合理可行等。

6. 针对性审查

施工方案针对本工程的特点及难点、施工条件进行充分分析，施工方案的重点内容应针对易发生质量通病，易出现安全问题，施工难度大，技术含量高的施工工序、部位，如深基坑、大体积混凝土浇筑、起重吊装及起重机械安装拆卸、高大模板、脚手架等分部分项工程，做出重点说明。

（二）监理工程师应从“质量、进度、造价、安全、环保”等五个方面进行程序性、实质性重点审查

1. 质量方面的审查要点

1）审查专项方案中施工单位质量管理、技术管理和质量保证组织结构是否健全。

2）审查施工专项方案中的报验程序和制度是否符合施工、监理规范相关要求。

3）质量管理计划审查重点应为分部分项工程的施工工艺、施工机械、流水施工组织等，保证质量管理计划实现的措施应该包括：原材料、构配件、机械器具的检验检测，主要的施工工艺、适用的质量标准和检验方法，冬季、雨季、高温、台风等季节性施工的措施，重点工序、关键部位的质量保证措施，成品及半成品的保护，工作环境以及人力资源和资金保障等。

4）施工顺序应符合设计要求，遵循施工的基本规律，合理确定施工起点，施工工程部位的先后顺序，审查方案是否满足建设单位对工程投入使用的要求。首先以投入使用目标组织施工，施工方法满足防治质量通病和安全需要，工作面需满足连续施工的需要。

5）审查施工机械是否符合现场条件和工程特点，经济合理、安全可靠。

2. 进度方面的审查要点

1）进度安排需符合工程总进度计划和阶段计划目标要求，限期工程的赶工措施是否可行（道路改造及地下通道工程工期要求紧，有两个工期考核节点：①改造道路限时符合通车要求；②下穿通道限时竣工交付，所以对两个阶段工期计划和总工期计划都进行了严格审查和考核），工程周边的安全、文明施工和环境保护措施是否得当等。

2）施工进度计划一经监理工程师审查并经业主批准后，即应当视为合同文件的一部分，它是处理工程延期或索赔的一个重要依据。

3. 造价方面的审查要点

施工方案及施工工艺与工程造价有着密切关系，在保证工程质量和安全的前提下，满足建设单位的工期要求，优化施工方案及施工工艺是控制投资和降低造价的重要措施，施工方案也是工程竣工结算时的重要依据。

4. 安全方面的审查要点

1）重点审查是否符合强制性标准。

2）应当符合建设工程安全生产管理条例，按照《危险性较大的分部分项工程安全管理规定》（住房和城乡建设部第37号令）、《住房城乡建设部办公厅关于实施〈危险性较大的分部分项工程安全管理规定〉有关问题的通知》（建办质〔2018〕31号）、《江苏省房屋建筑和市政基础设施工程危险性较大的分部分项工程安全管理实施细则（2019版）》（苏建质安〔2019〕378号）执行。

3）需要组织专家论证的施工方案，在专家评审前，应当通过施工单位审核和总监理工程师审查，经施工单位修改基本符合要求后再组织专家论证。施工单位须根据专家论证意见，对原方案进行补充完善，经审批程序后报监理和建设单位最终审批通过后实施，监理需严格按审批后的专项方案监督施工实施。

4）审查方案中专项应急救援预案、专项安全防护措施费用使用计划等。

5）审查方案施工平面布置，施工场地道路，临时设施（办公区、生活区、作业区）排水、防火、防台风、防疫措施等是否符合安全生产的要求。

5. 环境保护、文明施工方面的审查要点

1）“废水、废气、固体废弃物”处理，必须征得建设单位和当地环保部门同意，在指定的地点排放、堆放、掩埋或销毁。白色垃圾、噪声控制、扬尘控制等是审查重点。本工程流动雾炮车2台，规定雾炮平台4台，流动冲洗车辆2台，采用KXMZ500/1500-30U板框车载式污泥压滤机处理现场施工产生的泥浆，使水土现场分离，水循环使用，土方用于回填，既经济又环保。

2）按照文明工地建设有关要求，建立标准化工地。重点审查门卫制度、实名制通道建立、临时设施、施工机械、

材料加工、堆放场地、标识标牌、临时道路、车辆冲洗平台等。

二、在专项方案专家评审过程中的工作要点

1. 注意评审程序和参加人员要符合主管部门的认定和要求，表1“序号5”中的专项方案就因为项目负责人未按要求参会致评审未通过，开会前应该要注意提醒各单位按要求使相关人员到场。细则对专家的人数和专业也有要求，但对专家的专业与危大工程类型相匹配未细化。

2. 编制单位技术人员对方案的讲读是否全面，对质量、安全影响较大的工序部位是否讲解到位。

3. 对评审专家对方案的提问及相关要求，编制单位技术人员的解答、释疑要认真倾听，记录也可提问，不要浪费一次学习的好机会，结合后期方案修改和实施工作要予以重视。

4. 专家的意见和建议分为：通过、修改后通过、不通过，应分别按照细则相关要求执行。

三、专项方案实施过程的工作要点

1. 在危大工程方案实施前监理机构应当结合工程的专项施工方案编制监理实施细则。

2. 在专项方案实施过程中要根据现场实际填写超过一定规模的危大工程监理巡视记录表。

3. 监理机构应当对需要验收的危大工程，按照专项施工方案要求进行验收，验收合格的经总监签字确认后，方可进入下一道工序施工。

4. 危大工程发生险情或事故时监理机构应当配合施工单位开展应急抢险工作；应急抢险结束后应当参与建设单位组织的工程恢复方案制定，并对工程安全状况进行评估。

5. 监理机构应当建立危大工程安全管理档案，应包括下列资料：

1）危险性较大（超过一定规模）分部分项工程清单。

2）每个单项危大工程的完成档案应包括：江苏省建设工程监理现场用表中危大工程安全管理档案规定的相关材料；专项施工方案文本材料；施工单位审核和监理单位审查；专家论证报告、专家论证会会议签到表、专家认证意见的修改情况等；监理文书；上级主管部门下发的整改文件、复查记录、监理单位回复记录；监理报告等。

结语

监理提高审查超规模专项方案的水平和能力，不仅是工程安全的保证，也是质量、进度、工期、造价、环境控制的保证。随着国家对工程管理越来越规范、严格，监理人员更加需要提高自身管理和技术的综合能力，在实践中不断学习进步，适应新知识、新要求，才能在工作中掌握主动，赢得各方满意。

参考文献

[1]《江苏省房屋建筑和市政基础设施工程危险性较大的分部分项工程安全管理实施细则》(2019版)(苏建质安〔2019〕378号).

[2] 建设工程监理规范:GB/T 50319—2013[S]. 北京:中国建筑工业出版社, 2014.

浅谈大型脚手架搭设过程中监理的作用

王 辉

陕西兵咨建设咨询有限公司

摘　要：在工程建设过程中，监理担负着重要的管控作用。随着施工技术的不断发展和完善，工程建设规模、难度也不断地扩大，监理对危险性较大的分部分项工程、重大风险源等施工过程的管控也应随之不断地调整和完善，并根据不同的施工条件、现场环境制定相对应的管控措施。本文从城市地铁建设使用的大型脚手架搭设过程监理的管控程序、方法、要点、责任划分等方面进行探讨，提出"制定验收程序，过程严控细节，最终整体验收，明确责任分工"四条管理措施，使监理在大型脚手架搭设过程中对质量、安全进行更为全面、细致的管控。

关键词：程序；细节；总体；责任划分

引言

在地铁建设过程中，车站混凝土结构以及浅埋暗挖隧道二衬混凝土等因大体积、结构复杂加之空间限制，个别断面存在变形截面、拱形截面等，使得模板支撑体系大多使用脚手架进行搭设。虽然脚手架搭设是一种成熟的施工工艺，但由于施工条件、施工技术等的参差不齐，经常会发生坍塌等事故。从以往事故调查及总结中不难看出，搭设过程中进行全过程控制起到至关重要的作用。特别是大型脚手架搭设过程中，如果不进行全过程控制，往往在搭设后期就难以保证安全、质量和进度。对此制定以下验收要求：制定验收程序，过程严控细节，最终整体验收，明确责任分工。

一、制定验收程序

监理在开工前根据施工现场条件、脚手架搭设方法、搭设高度等制定验收程序。将脚手架搭设阶段分为：①地基及基底处理阶段；②初期搭设阶段，即进行底托及底层立杆、水平杆、斜杆搭设阶段；③搭设高度小于整体高度的 1/2 或 1/3 前；④整体搭设完成阶段。

监理验收程序如图 1~ 图 4：

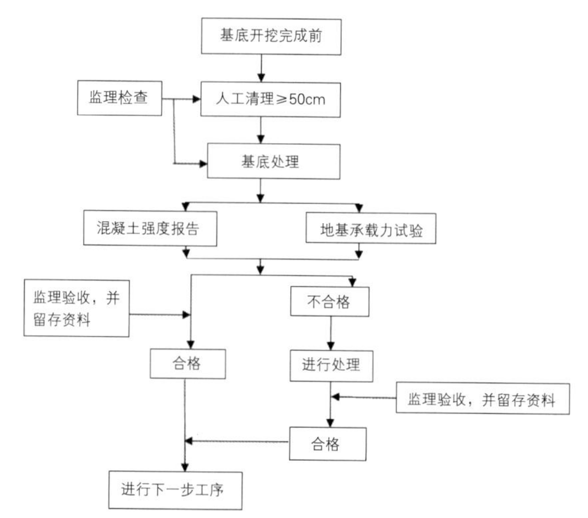

图1　地基及基底处理监理验收程序

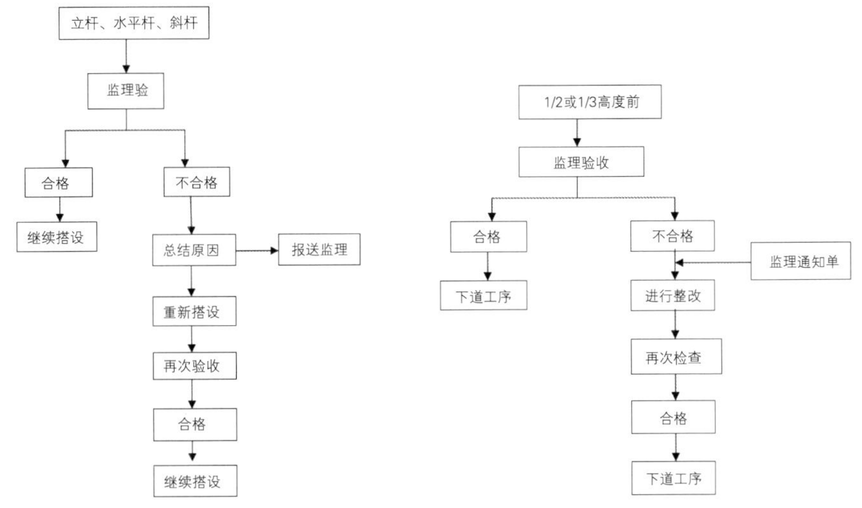

图2　初期搭设阶段监理验收程序

图3　搭设高度小于总体高度1/2或1/3前监理验收程序

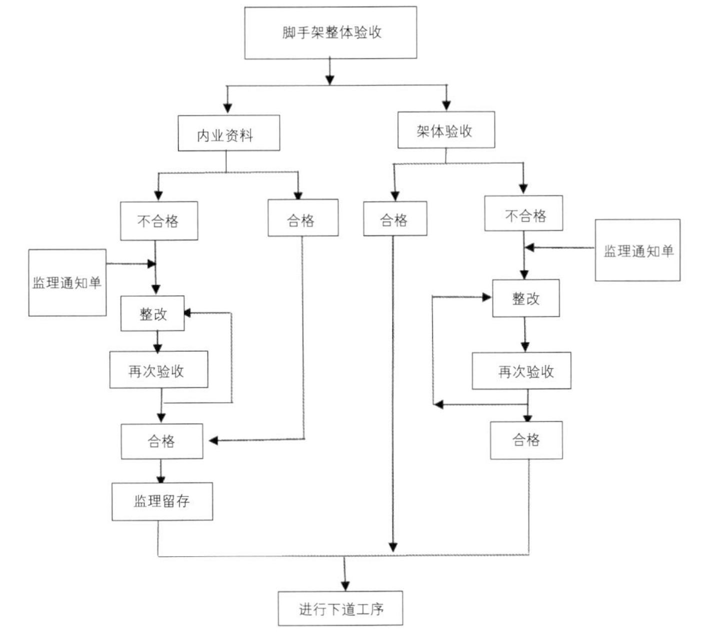

图4　支架整体监理验收程序

二、过程严控细节

万丈高楼平地起，只有脚手架搭设在一个稳定的基础上，才能保证最基本的安全。因施工场地、地形地貌限制，很多脚手架都不可能搭设在一个相对平整坚固的场地上。在进行场地规划、平整等过程中监理就应协同施工单位进行全过程参与，对因施工工艺、地形因素需要进行悬挑施工的脚手架，监理应特别关注。在进行地基处理过程中监理应对处理过程进行巡视，对需要进行地基承载力实验的基底，监理要按照要求对地基承载力实验进行旁站，做好相关记录，对地基承载力不足的应要求施工单位提出处理措施，上报监理单位审批并保留相关资料。对硬化的基底，应保证混凝土强度达到设计强度后才能允许进行脚手架的搭设。对基底存在一定坡度，需要方木或槽钢进行底托支撑的地段，监理单位应检查方木或槽钢的尺寸、材质，以及在斜面上的加固措施。对于需要在土层上进行脚手架搭设的地段，监理应检查进行底托施工前是否放置垫板，垫板的长度应满足不少于两跨的要求，底托是否放置于垫板横向中心位置。在实际施工中，基底通常处在高度不同的平面中，个别施工用底托来进行脚手架调平处理，监理应严格按照最底层水平杆中心线距地板高度不应大于550mm，丝杠长度不应小于450mm，丝杠外漏长度不应大于300mm的要求，严格禁止不符合规范的行为。

针对脚手架搭设初期，即进行底托、底层立杆、水平杆、斜杆搭设阶段，监理应对实际脚手架搭设人员与上报人员的证件进行核查。在实际施工中，经常会出现进行支架搭设的人员为非架子工持证上岗人员，搭设的脚手架存在较多的安全、质量问题，因此监理人员不但要审核架子工作业证件，而且要核对现场施工人员。在进行初期搭设工程中监理应同施工单位管理人员对搭设的立杆、水平杆、斜杆进行检查验收，对脚手架搭设主要构配件的种类、规格进行再次检查验收，查看构配件是否符合施工方案以及规范的相关要求，可以再次与进场验收相关资料形成印证，以保证搭设构配件的质量。对架体立杆、水平杆的步距、跨度进行检查，以避免在最终搭设完成后步距与跨度不符合施工方案而造成需要大面积返工的后果。检查斜撑、剪刀撑搭设是否是按照方案要求进行布设，对于存在板墙连浇，架体与侧墙支撑一起搭设的脚手架监理应特别重视。对于进行板墙连浇的脚手架而言，在架体搭设的基础上通常存在架设对称钢管，以支撑侧墙模板稳定性，个别施工现场先进行对称钢管安装，后进行斜杆或剪刀撑搭设，这样会使部分斜杆因对称钢管的影响而无法安装，因此在搭设过程中应先进行立杆、水平杆、斜杆搭设，保证架体完整受力合理，再进行对称钢管安装。在进行初步搭设检查过程中监理需要对盘扣插销连接的紧固性进行检查，使用锤击方式对插销进行抽查，连续锤击插销下沉量不超过 3mm。测量在施工中起到先行军的作用，施工单位应在架体搭设前对搭设点位进行测量放线并标注，特别是纵横向最外侧立杆的位置。监理在以上检查中对检查中存在的问题应要求施工单位进行整改，并对问题原因进行分析，特别是刚开始进行脚手架施工或新进场架子工进行搭设时，必要时项目部应对架子工施工人员进行重新技术交底，以保证后期架子搭设的质量。进行原因分析或重新进行技术交底形成的资料应上报监理留存。

在脚手架搭设达到 1/2 或 1/3 的高度时且每增加 1/2 或 1/3 高度时，监理应对脚手架进行检查。对脚手架垂直度进行检查，首先应检查施工单位垂直度自检情况，内容应包括检查时形成的相关原始数据。按照立杆的垂直偏差不应大于支撑架的总高度的 1/500，且不得大于 500mm。监理可使用铅锤线或激光仪器进行随机抽查，在抽查过程中应做好相关记录，并留存。当支撑架内搭设人行通道时，监理应检查与通道正交的两侧立杆是否增加设置了竖向斜杆。对作业脚手架搭设进行检查，检查内容包括：作业脚手架是否按照施工方案进行搭设，作业通道是否畅通，消防器材是否到位，临电是否符合三级配电，两级保护，是否按照五线三相制进行安装，临电线路是否进行防漏电处理。邻边防护搭设高度以及防护网、安全警示标识和标志是否齐全。

三、最终整体验收

当支架整体搭设完成后监理应进行支架整体检查验收。可分为：内业资料检查和架体检查。由总监理工程师组织，监理组长以及专业监理工程师参与。

内业资料分别为：施工单位内业资料检查和监理组内业资料检查。检查施工单位在架体搭设过程中形成的各类资料的完整性、全面性。包括基底硬化混凝土强度报告，地基承载力实验报告，测量放线以及监测资料，施工期间监理各项验收存在问题的整改情况、监理通知单回复情况，项目部自检资料等。监理内业资料检查包括：危大工程巡视检查记录、监理旁站记录、各类检查留存的原始数据以及相关记录、监理通知单、混凝土强度以及地基承载力实验监理留存情况等。通过对施工单位以及监理内业资料的检查，对整个施工过程中内业资料进行最终梳理，以保证内业资料的及时性和完整性。

在脚手架搭设完成后，监理应对整体脚手架稳定性进行检查验收，对连墙件、水平杆、立杆、斜杆的连接情况进行检查。特别应对连墙件与主体结构连接情况进行逐一检查，检查连墙件插销或扣件连接牢固性，连墙件是否设置在水平杆的盘扣节点处，以及是否从第一道水平杆处均匀设置。监理应对脚手架的垂直度进行验收，形成验收资料，与搭设过程中对垂直度检查形成的相关资料统一汇总留存。

监理应独立对脚手架的预拱度进行测量，测量结果与施工单位上报的预拱度测量数据进行对比分析，以保证数据的完整性和准确度。当脚手架进行预压时，监理应进行全程旁站，对预压的部位、重量等应做详细记录，对预压过程中检测数据进行时时收集并分析。

四、明确责任分工

在脚手架搭设过程中监理应制定明确责任分工，责任落实到人。在进行基底处理及检查的过程中应由监理组长进行负责，专业监理工程配合，对验收过程中形成的各类资料应有监理组长进行签字确认。

在进行初期搭设阶段，即进行底托及底层立杆、水平杆、斜杆搭设阶段监理验收的过程中应有各专业监理工程师进行负责，监理组长进行监督执行情况。对验收中存在的问题以及验收过程监理组长应全面掌握，必要时监理组长应召开由施工单位参加的专题会议。

搭设高度小于 1/2 或 1/3 整体高度前监理进行的检查验收应由专业监理工程师进行负责，各专业监理工程师应对各自专业展开检查，并对检查形成的内业资料进行汇总整理。

在进行总体验收时，应有总监理工程师进行负责，监理组长及各专业监理工程师全程参加，总监理工程师应对检查验收分工，及时了解检查情况以及检查中存在的问题，并督促施工单位进行整改安排现场监理人员对整改情况进行复查。总监理工程师在全部检查验收合格后进行签字确认。

通过上述四条脚手架搭设过程中的管控措施，可以进一步把存在的各类隐患消灭在初始状态，防止脚手架安全事故的发生，也使得监理在日常管理中更加明确各个阶段控制的重点以及相应的职责，真正做到安全、质量、进度全过程管理。

参考文献

[1] 建筑施工承插型盘扣式钢管脚手架安全技术标准：JGJ/T 23—2021[S]. 北京：中国建筑工业出版社，2021.
[2]《危险性较大的分部分项工程安全管理规定》住房和城乡建设部第 37 号令 .

BIM技术在建筑工程监理工作中的应用方法及实践研究

乔 慧
山西诚联工程项目管理有限公司

摘　要：2015年6月16日住房和城乡建设部发布的《关于推进建筑信息模型应用的指导意见》（建质函〔2015〕159号）中明确“BIM在建筑领域应用的重要意义”“发展目标和工作重点”等观点。监理单位作为工程项目的参与方，需要实践研究并改进传统的监理工作方法，逐步实现建筑全生命期在同一多维建筑信息模型基础上的数据共享，产业链贯通，为建筑业的提质增效、节能环保创造条件。

关键词：建筑工程；监理；BIM技术；应用

一、BIM 技术的优势

BIM 技术是在建筑与信息技术发展下的衍生物。BIM 技术涵盖了土木工程、工程管理以及计算机等多门学科知识，是建筑工程施工监理的重要组成部分。BIM 技术在应用中，可通过对建筑工程施工现场进行监测，将各种信号转换为数字化形式，将数据导入自身的建筑信息库当中，通过对数据进行归类、整理，从中筛选出有用的信息，方便领导部门下达正确的决策。BIM 技术实现了建筑行业的信息化管理，解决了各专业之间出现的碰撞问题，减少了建筑监理人员的工作量，有效控制了建筑工程施工的成本，确保建筑工程能够在指定日期内顺利完成。

（一）建筑工程信息化

BIM 技术的应用改变了传统的项目管理方法，贯穿于整个建筑工程生命期，从工程可行性研究和方案设计阶段开始，通过建立 BIM 的可视化信息模型、应用框架和数据管理平台，工程各参与方采用 BIM 应用软件与建模技术，通过信息传输的工程数据库，建立可视化的工程模型，包括建筑、结构、给水排水、暖通空调、电气设备、消防等多专业信息的 BIM 模型，根据不同阶段任务要求，形成满足各参与方使用的数据信息。

信息化是建筑产业现代化的主要特征之一，BIM 应用作为建筑业信息化的重要组成部分，必将极大地促进建筑领域生产方式的变革。

（二）建筑工程信息协调性

在建筑工程施工中，监理人员起着一定的导向作用，通过工程项目的过程需求和应用条件确定 BIM 应用内容，分阶段（工程启动、工程策划、工程实施、工程控制、工程收尾）开展 BIM 应用。优化项目实施方案，合理协调各阶段工作，缩短工期、提高质量、节省投资，实现与设计、施工、设备供应、专业分包、劳务分包等单位的无缝对接，优化供应链，提升自身价值。

（三）建筑工程信息共享性

BIM 技术存储了工程各阶段的所有信息，凡在施工过程中出现的变更，都会引发所有数据的变化，根据这些变化可以及时更改 BIM 模型中的信息，以便工程参与方及时了解到工程信息。

二、工程监理 BIM 的应用点及应用策略

（一）工程监理 BIM 应用流程

在 BIM 工程监理技术应用前，监理人员需做好准备工作，对 BIM 监理

系统进行测试，对相关数据进行统计分析，确定检测结果准确无误后，才能应用于建筑施工现场。如果监理人员没有对BIM技术进行提前测试，很容易出现突发状况，影响建筑工程的正常开展。BIM技术可实现建筑工程全过程的监测管理，对各个环节施工质量进行验收，以便及时做出修整。BIM工程监理技术改变了传统的工程监理模式，提高了监理部门工作人员的管理水平。BIM技术的应用流程为通过建立3D模型，对每一个施工工序进行监控，不仅可对施工动态过程进行管理与审查，还可对施工方案进行分析与评价，及时指出方案中存在的不足，设计人员可根据修改建议，具有针对性进行修整，确保施工方案具有较强的实用性价值。

（二）监理BIM应用点

使用BIM技术对建筑工程施工质量进行审核，对修整后的设计方案以及其他验收标准做好记录，以明细表的形式展现出来，以此作为工程监理的依据。在整个施工流程验收过程中，BIM技术在不断更新与设计当中，通过对监理对象进行标记，能够及时发现BIM工程监理中存在的不足，并采取相应的措施进行弥补，实现建筑企业利益最大化目标。在建筑工程施工中，BIM技术主要应用于施工前的准备阶段，为后续施工的顺利进行奠定基础。[2]

首先，在施工设计阶段，设计单位需根据建筑施工现场情况以及业主的要求，对建筑施工进行合理设计，使其满足施工单位的建设要求。为确保施工设计方案的真实可靠性，利用BIM技术构建施工设计模型，抓住施工质量控制要点，对施工复杂点进行深入研究，并提出更多的施工设计修改意见。对于一些施工难度较大、内容复杂的施工项目，在对施工设计方案进行会审时，工程监理部门应使用BIM技术，对施工中可能遇到的问题以及施工质量关键点进行计算分析，帮助监理部门确定主要的检测对象，便于后期对工程施工质量节点进行有效控制，从而提高建筑施工的质量。此外，在建筑工程施工中，使用BIM技术还可对施工进度进行判断，通过对各环节的施工进展进行评价，利用4D模拟，对后续工程施工材料以及设备的采购进行预算，并提出相关意见，确保建筑工程能够在规定期限内完成。其次，BIM技术在工程施工质量控制方面也起到一定的作用，通过模拟施工流程，对施工复杂程度进行分析，找出质量关键点，具有针对性进行质量检查与验收，确保工程质量符合国家相关规定。最后，在建筑工程结束后，利用BIM技术对施工图纸和建筑模型进行对比分析，查看整个施工过程是否按照施工设计图纸进行。[3]

（三）监理BIM的应用方法

想要提高建筑工程信息化管理水平，我国研究人员需加大对BIM监理技术的研究，开发出BIM技术程序软件，将软件接口与监理设备相连接，实现建筑工程全过程的监测与管理，充分发挥BIM技术信息共享平台的作用，以此来提高监理员工的工作效率，这种监理方法成为我国BIM技术的主要研究方向。BIM技术可实现整个建筑施工区域内的控制，系统涵盖面积广泛，充分发挥了BIM技术的应用价值，也为建筑工程施工质量提供了可靠的保障。因此，在建筑工程施工中，监理部门需合理利用BIM技术，构建BIM工程监测系统，将BIM技术的功能充分发挥，减少成本支出，为建筑企业创造更多的效益。

如今，BIM技术广泛应用于施工监理当中，通过对建筑施工流程进行分析，将BIM技术与其他施工技术相结合，构建施工模型，以实现监理工程为导向，对建筑施工各环节进行控制，协助工程监理部门共同完成施工的控制与管理工作。

三、BIM技术在实践中的应用

（一）应用BIM模型对设计阶段进行会审

利用BIM技术信息共享功能，实现建筑工程中各部门人员间的信息交流，通过对建筑施工各环节进行监测与评审，可提高各部门人员的协调能力。现如今，BIM模型普遍应用于设计阶段的会审、关键节点的检测以及交接过程中的监管工作中。

在建筑施工的设计阶段，设计人员需对建筑结构的每一个部位进行准确测量，通过计算得出相关数据，以此作为建筑结构设计的标准。不过，在建筑结构的测量中，许多细节往往被忽略，从而造成施工设计方案中存在较大的测量误差。如果施工设计阶段出现问题，便会影响着整个建筑工程的质量，甚至会引发各种安全事故，对人们的生命安全造成威胁。因此，监理部门在对施工图纸进行检测时，应将重点放在建筑结构尺寸上，一旦发现设计方案中存在尺寸偏差，应立即与施工设计部门沟通，并对设计方案进行调整。其中，在建筑物楼层与楼梯部位的检测过程中，仅凭借肉眼很难发现设计中存在的问题。在这种情况下，监理人员可利用BIM技术，构建施工设计模型，通过对模型演练，对模型中相关数据进行提取并计算，可直观明了看出设计中存在的问题。BIM技术的使用大大减轻了监理人员的工作压力，提高了监理人员工作的效率，可为施工设计环节提出更多宝贵的意见，便于后期建筑施工的顺利开展。

（二）应用 BIM 对关键节点进行检测

对于一些施工内容较为复杂的建筑工程项目，为确保施工技术能够得到合理的运用，在建筑工程监理中，监理人员可利用 BIM 技术，构建施工模型演算，对施工技术的应用情况进行分析。明确施工人员的具体操作，对施工技术的应用效果进行评价，指出施工过程需要改进的地方，将施工技术的优势更好地发挥出来。此外，利用 3D 技术将施工平面图进行测绘，监理人员可直接明了观察出施工技术在应用中存在的问题，并采取相应的措施进行解决，以便对建筑工程的质量造成影响。另外，对于一些较难发现的细节问题，监理人员可通过数据演算的方式，查找出问题的关键部位，可实现建筑工程全方位的监督。[4]

（三）应用 BIM 进行质量控制的优化

伴随着高层建筑物的兴起，建筑企业将迎来更大的挑战，建筑工程质量成为监理部门的主要工作内容。如果建筑工程质量得不到保障，很容易引发各种安全事故，为建筑企业造成更大的经济损失。由于建筑工程内容较为复杂，且需依靠大量的人力、物力资源，工程监理人员的开展难度较大，许多细小的问题很难被发现。将 BIM 技术与其他施工技术相结合，构建一个完整的工程监理系统，可对建筑工程中每一个环节进行检测，可及时检查出建筑工程中存在的质量问题，便于监理部门对员工进行管理，降低安全事故的发生频率。此外，在建筑施工中，常常受到人为因素以及自然因素的影响，监理人员可使用 BIM 技术对施工方案进行调整，构建施工模型，观察施工进展情况，为建筑施工提供切实可行的整治措施。

结语

综上所述，BIM 技术在建筑工程监理中发挥着重要的作用，实现了对设计阶段、质量控制以及关键节点的检测功能，弥补了传统建筑监理工作中存在的不足，提高了监理人员的工作效率，为建筑工程的施工质量提供了保障。此外，通过对整个施工过程进行监控，能够及时发现施工中存在的隐患问题，并采取有效的措施进行整治，提高了建筑工程施工的安全性。

如今，面对强大的市场需求，有关部门在不断地完善相关政策，推广优秀应用项目，但地方从业人员缺少了相关工作经验，无法制定出实际方案，还望上级主管部门开展行业技术交流会，制定相应鼓励政策，帮助企业挖掘职工潜能，激发项目应用 BIM 活力，最终形成一支符合项目需求的、完整的复合型人才队伍。

参考文献

[1] 杜卉 .BIM 技术在总承包单位工程管理中的应用研究 [D]. 淮南：安徽理工大学，2017.
[2] 高伟娜 . 基于 BIM 技术的建设项目工程造价风险研究 [D]. 长春：吉林建筑大学，2017.
[3] 凌锦科 . 房地产项目的精益管理 [D]. 南京：南京大学，2017.
[4] 潘刃 .BIM 技术在办公建筑设计及物业管理中的应用研究 [D]. 南宁：广西大学，2015.
[5] 刘光枕，朱甜，鳞腾飞 .BIM+ 装配式建筑在应急工程建设项目中的应用研究 [D]. 沈阳：沈阳建筑大学，2021.

锥壳式煤仓顶板施工方式浅析

苗　刚
山西中太工程建设咨询有限公司

摘　要：本文通过对大直径煤仓锥壳式顶板施工支撑技术的介绍和总结，为今后类似工程施工提供实践经验和科学依据。

关键词：锥壳式结构；支撑体系；环梁

引言

随着国家对环境保护措施和力度的不断加大，储煤仓、储煤棚、槽仓等环保型的储煤设施越来越多，而这些储煤设施中，储煤仓除了具有与储煤棚、槽仓同样的储煤功能外，还能起到输煤、装卸、转载的作用，因此越来越受到广大业主的青睐，对于储煤仓基础而言一般只有筏板式基础和箱型基础两种形式，都是些常规施工，没有多少技术含量；仓壁大多数采用滑模施工，个别高度较低的筒仓，采用滑模施工不经济，也有采用倒模施工的，施工起来都比较方便，而仓顶结构形式大致有三种：钢结构、钢筋混凝土梁板结构和钢筋混凝土锥壳结构，三种结构形式各有其优缺点，最常见的为后两种。其中，锥壳结构因具有施工投入少、对模板支撑体系的要求低、施工周期短、施工过程安全性高等优点，越来越多地被用于工程中。

滑模工艺常用于煤矿或洗煤厂的储煤仓仓壁施工，具有施工速度快、机械化程度高、周转料具少、施工过程简单、施工人员安全有保障等优点，但是，仓壁滑模完成后，煤仓封顶则是摆在施工和监理单位面前的一个难题，根据其使用功能要求，常见的仓顶形式主要有平顶和锥壳顶，两种方式各有其优缺点。下面以锥壳式储煤仓顶的封顶过程为例，浅析锥壳式顶板的施工过程。

一、工程概况

乌海市某煤矿升级改造过程中，新建地面生产系统新增一座原煤缓冲仓，设计为一个直径 Φ22m 的圆形钢筋混凝土筒仓，设计壁厚 320mm，漏斗以下设有扶壁柱，筒仓有效高度 44.10m，设计储煤量为 10000t，锥壳厚度 500mm，垂直高度 5.20m，锥壳顶部设有上仓胶带机机头间，机头间平面尺寸 9.60m×9.60m，围护及屋面结构均采用彩钢板和塑钢门窗，仓内底部设有 4 个棱锥形钢筋混凝土漏斗。

筒壁采用滑模工艺，分两次完成。第一次从箱型基础顶面开始，至漏斗上口环梁顶标高处，漏斗混凝土结构部分施工完毕后，开始第二次滑升，直至筒壁顶端环梁底标高处，环梁与锥壳顶板采用常规施工工艺同时进行施工。

二、锥壳结构施工方案选择

（一）在仓内搭设满堂脚手架，模板支撑结构采用硬支撑结构。优点是只要脚手架立杆底部稳定可靠，根据施工荷载计算好立杆的间距，施工安全系数较高。缺点是因漏斗结构层已施工完毕，相当数量的脚手架立杆底部只能站在漏斗斜壁上，脚手架稳定性较差，且脚手架及模板拆除后大部分的物料需从漏斗口运出，费时费工。

（二）利用滑模平台做主支撑系统，再辅以必要的吊挂软支撑体系共同作为锥壳模板支撑体系。优点是施工简单，省工省料，同时施工工期相对较短。缺点是滑模平台需重新加固，并满铺脚手板，且危险性较大。权衡利弊，最终选定了第二种方案。

三、主要分项工程施工方法

（一）钢牛腿（梁托）预留孔的模板制作及留设

根据选定的施工方案，在筒壁滑模即将结束时，在筒壁的上环梁（320mm×1500mm）梁底部位设预留孔，预留孔的平面位置及方向要与滑模平台的辐射梁位置对应，预留孔的高度及宽度要比辐射梁的截面尺寸 +20mm，且预留孔要采用厚度不小于 8mm 的钢板制作成方管状，筒壁滑升到预定位置时，及时将预埋件放置到指定位置，为防止预埋件在模具提升时被带起，应将埋件与筒壁钢筋焊接牢固，埋件完全滑出后，及时清理埋件内外残留的混凝土。

（二）滑模模具拆除与梁托的制作及加固

模具拆除前，应首先用直径不小于 Φ18mm 的新钢丝绳分别将辐射梁端部套紧绑牢，钢丝绳的上端临时固定在筒壁主筋上，但要保证每根钢丝绳都均匀受力，上述工作完成后，方可开始拆除模具（拆除过程略）。模具拆除完毕后，再次校对辐射梁与预留洞口的对应位置，并开始安装梁托，梁托材质及规格同辐射梁，其在筒壁外的外露长度不宜超过 200mm，伸入筒壁内的长度以与辐射梁搭接长度不小于 300mm 为宜，梁托的顶标高应统一，误差应控制在 10mm 以内，上、下方向调校及固定梁托应采用钢板或自制的楔形钢板条，在梁托的左右两侧应采用硬木将梁托塞紧顶牢。梁托的平面位置及标高调校好后，应先将梁托与内外垫铁点焊，防止梁托受力后松动或滑脱，上述工作完成后即可开始降模，即用倒链、手扳葫芦或花篮螺栓将滑模平台连同辐射梁一起降至已安装好的梁托上，反复校对各辐射与梁托搭接区的接触面积不小于 95% 为合格，然后将梁托与辐射梁焊牢，最后再将所有的提拉辐射梁的钢丝绳兜紧扎牢。

（三）滑模平台的加固及辅助提拉装置的设置

辐射梁固定好后，即可开始对滑模平台重新铺设并加固，平台应优先采用硬柞木或黄花松木板，厚度不小于 50mm，所有木板应采用 10 号或 12 号铁丝与辐射梁绑牢，木板之间的缝隙力求最小，缝隙超宽处可以辅以竹胶板或黑铁皮，以防止脚手架立杆悬空或滑脱。在铺设脚手板还应考虑辅助提拉装置的设置，即自筒仓内壁边缘开始，沿每根辐射梁方向每 1.5m 设置一个提拉吊点，吊点采用直径 Φ18 的圆钢制作，其下端与辐射梁兜底焊牢，上端锚入锥壳混凝土中，锚固长度不小于 30d，提拉钢筋在每次混凝土浇筑前进行设置（见图）。

（四）支撑脚手架的搭设

滑模平台加固完成后，即可开始搭设模板支撑脚手架，根据专项施工方案中脚手架的设计，确定脚手架的立杆间距、排距 900mm，水平杆步距 1.5m，同时立杆要避开架板拼缝处，要尽可能地设在某块架板的中间，防止悬空或滑脱，无法躲开脚手板拼缝时，应在垂直于架板拼缝方向上的立杆下端增设垫板，垫板长度不小于 500mm，同时在脚手架底部设扫地杆。

（五）锥壳模板的支设及钢筋绑扎

由于锥壳坡度较大，为保证锥壳混凝土的浇筑厚度和密实度，锥壳模板除

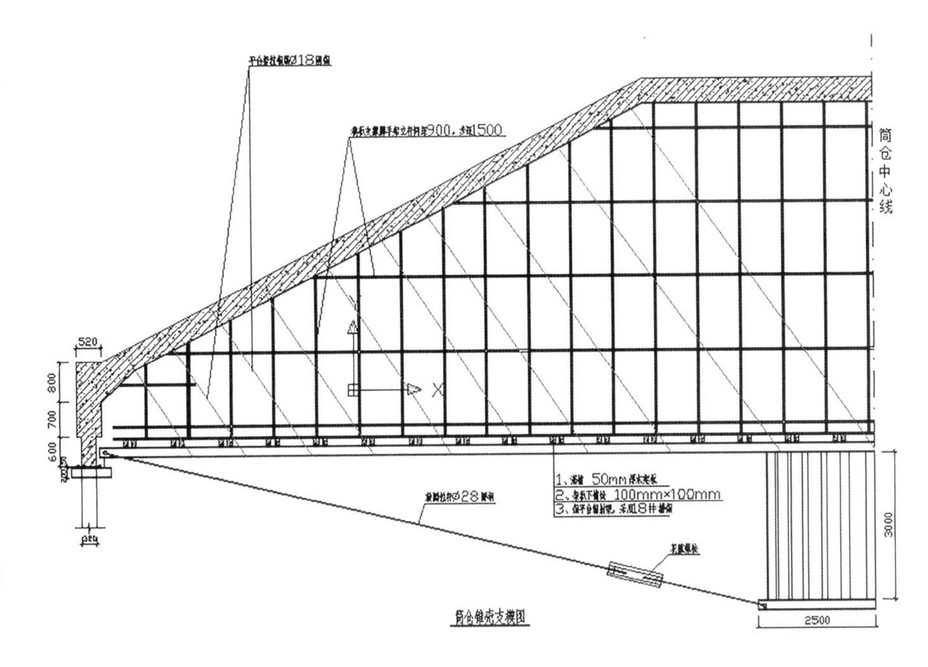

筒仓锥壳支撑图

底模外，还应支设外模板，内外两层模板均采用多层胶合板。底模全部完成后即可开始绑扎锥壳钢筋，钢筋绑扎应先从仓顶部机头间大梁钢筋开始，梁筋绑扎完毕后再开始绑扎锥壳放射筋和环向钢筋，最后再绑扎机头间平板钢筋。锥壳外侧模板则应根据每次混凝土浇筑高度分次完成，内外层模板间的高度及加固则通过钢筋顶棍和对拉螺杆进行控制。

（六）锥壳混凝土的施工

锥壳混凝土分三次进行，坡面分两次浇筑，机头间平板单独浇筑一次，为确保施工过程安全，隔天浇筑一次。自筒壁上环梁处开始，沿锥壳坡向方向，每次浇筑高度不超过 4.0m，这样每浇筑一次混凝土都有一排提拉钢筋锚入混凝土中，隔天再浇筑上一层混凝土时，除了支撑脚手架及滑模平台承受上部荷载外，前日浇筑的混凝土已达到一定的强度，埋入混凝土中的提拉钢筋也能分担部分荷载，安全系数大大提高。

（七）模板拆除及降模

当锥壳最顶端的混凝土同条件养护试块强度达到设计强度的 80% 以上时，即可拆除锥壳底模及支撑脚手架，这些材料可以从仓顶预留的卸煤口运出。滑模平台的拆除则需要将平台整体降至仓底漏斗处，肢解拆除后运出仓外。即先将辐射梁端部的提拉钢丝绳解掉，并更换为带有手动或电动升降装置的长钢丝绳，同样用钢丝绳的末端将辐射梁兜紧绑牢，先通过升降装置将整个平台往上提，使所有的提升钢丝绳都受力后，与仓壁上的梁托脱开，然后开始缓缓向下提防钢丝绳，这个过程需要所有提吊钢丝绳操作人员同时进行提放操作。至此，锥壳顶全部施工完毕。

四、施工监理过程中的几点体会

（一）锥壳式仓顶结构，一般常见于单仓，连仓或群仓时则很少用这种结构模式。

（二）筒仓滑模施工劳务队通常与土建施工分属两个单位或部门，对于滑模施工队来讲，尽可能地节省材料，能满足最低标准的滑模施工需要即可，通常内侧的滑模平台铺设宽度不会超过 4.0 米，仅能满足临时堆放混凝土或少量钢筋，所有要想利用滑模平台做支撑，还需要花费一定的时间和材料进行加固和完善，若能综合考虑，则可节省许多时间。

（三）锥壳混凝土顶板浇筑过程中，施工缝位置的留设应事先确定好，第一次浇筑高度不宜超过 3m，且与第二次浇筑的间歇时间不宜小于 24h，以保证环梁混凝土有足够的强度用于支撑上部锥壳混凝土浇筑时的侧向推力。

（四）提拉钢筋的设置宜斜向布置，但与水平面的夹角不宜小于 60º，且应与混凝土施工缝的位置对应设置；每次锚入混凝土中的提拉钢筋在混凝土中锚固点的位置距施工缝边缘以 100 ~ 200mm 为佳，以保证提拉点的位置尽可能地靠近筒仓中心。

参考文献

[1] 钢筋混凝土筒仓施工与质量验收规范：GB 50669—2011[S]. 北京：中国建筑工业出版社，2011.

给排水维修工程施工质量控制及相应技术保证措施

何科酉

摘　要：给排水维修工程专业性强，施工程序、工艺流程，工期计划，质量技术、安全保证措施均有较高的要求，本文就给排水维修工程施工质量控制及相应技术保证措施谈点自己的浅见。

关键词：给排水；施工；质量；措施

本文结合某单位办公楼给排水系统维修项目施工，简述给排水维修工程施工质量控制及相应技术保证措施。

一、工程概况

本工程为某单位办公楼给排水系统维修项目，项目包括电力电缆敷设及空开安装，管道碰头及阀门、水箱安装，地面开挖及恢复、水箱基础、检查井砌筑、翻盖沟盖板、墙面打洞、周围抹、渣土外运，水管管材及接口，热熔管及PPR管配件连接，电气及设备安装，接地（PE）支线必须单独与接地（PE）干线相连接、水箱安装等。

二、本工程的特点

1. 对整个施工现场实行全封闭的管理，选用噪声较少的机械设备，不影响周围居民正常的生活秩序。

2. 组织分区流水施工与平行施工相结合，最大限度地利用有限的时间和空间，组织交叉作业与平行作业，以缩短工期。

3. 围护工程采取流水施工与交叉作业、平行作业等多种方式施工。

4. 做好现场施工道路设置与排水处理，做到现场道路排水通畅。

5. 在人力、材料、设备周转架料方面，随时调拨，以满足现场施工的需要。

三、项目主要施工方法与标准要求

管道安装的施工流程：安装准备→预制加工→干管安装→支管安装→管道试压→管道冲洗→管道防腐、保温。

在施工中，排水管道穿过现浇板、屋顶、柱子等处，均应预埋套管，有防水要求处应焊有防水翼环，套管尺寸给水管比安装管大二号，排水管比安装管大一号。室内保护管道要沿地面敷设，埋有暗管的地面、墙体表面要弹线做出相应标记，避免对暗埋管破坏。进出户管道穿过基础地梁时应预留孔洞，地梁高度不够时，应与结构专业协商，对地梁进行加高、加固处理。排水立管和出户管连接应用两只45° 弯头，支管与主管连接采用顺水三通。排水立管在每层均设伸缩节，排水横管上无汇合管线的直线管段大于2m时加设伸缩节。

当管道穿越地下室外墙时应预埋防水套管，管道穿越钢筋混凝土内墙，亦应预埋钢制套管，该套管在现场浇混凝土前按图纸所示位置预埋。套管两端平齐，打掉毛刺，管身应除锈，要做好防腐。穿楼板处套管高出楼板面3cm，穿越墙壁处时，套管的两端与墙的饰面平齐，套管直径一般比设计管道管径大两号。

套管安装：过混凝土现浇楼板的管道，应事先预留孔洞，在干管安装时及时套入钢套管，过地下室外墙板及水池的管道，在混凝土浇注前应根据图纸的标高、尺寸设置好刚性防水套管，且用铁丝将套管与钢筋固定牢，一定要做到准确无误。穿楼板的套管应在套管和管子之间的空隙用油麻和防水材料填补封闭，穿过卫生间楼板的管道用刚性防水套管预埋。

管道支吊架制作安装，应根据管道系统图纸，对便于批量加工的支吊架进行预制，支吊架的加工预制要考虑将来可调整管理标高的因素。

支吊架的制作，要按《给排水标准图集》及其设计说明进行。管道支吊架的形式、规格根据不同管道的布置情况，要按照规范进行加工和进行防腐处理。管道管径小于及等于 200mm 则采用卡吊杆，钢管固定参照 S161/25-4（固定点托架），47-49（立式支架），55-59（吊架要部大样图），55-21、22-23（双吊杆架大样图），吊架间距按《建筑给水排水及采暖工程施工质量验收规范》GB 50242—2002。

管道支吊架安装预埋要考虑管道的标高、坡度走向，给水回水管宜有一定的坡度向配水点或泄水口，排水管道安装，材料要求雨、污、废水系统室内管道采用 PVC-U 排水管。

工艺流程：安装准备→管道预制→排水埋地平管安装→排水立管安装→排水支管安装→闭水试验。

安装准备：根据设计图纸及技术交底，检查、核对预留孔洞大小尺寸是否正确，将管道坐标、标高位置划线定位。管道出屋面应采用刚性防水套管。

管道预制：为了减少在安装中黏接接口，对部分材料与管件可预先按测绘的草图黏接好并编号，码放在平坦场地，管段下面用木方垫平垫实。

污水、废水、雨水干管安装：安装通向室外的排水管，地下室外墙应有防水套管，必须下返时应用顺水三通连接，在垂直管段顶部应设清扫口。安装在设备层内的排水干管可根据设计要求做托、吊架，并保证坡度，注意预留口的位置，并将预留口临时封堵。

雨水、废水、污水立管的安装：根据施工图校对预留洞口尺寸有无差错，立管安装前吊线。如需剔凿楼板洞需断钢筋，必须征得土建有关人员同意，按规定要求处理。排水立管应先用线坠定管中心位置，安装立管卡后敷设立管，当立管上、下层不在一垂直线上时，宜用两个 45° 弯头连接；立管检查口设置按设计要求，立管检查口方向要便于检查。

排水支管安装：排水横管与横管、横管与立管的连接应用顺水三通或 45° 配件，支管末端可用带检查门的弯头代替清扫口，以利于管道疏通和维修；排水支管不得有倒坡或局部凹凸现象，保证达到坡度要求。支管安装完后，可将卫生洁具或设备的预留管安装到位，找准尺寸并配合土建将预留孔洞堵严，预留管口装上临时封堵。

通（闭）水实验：或设计有特别要求做闭水实验，口吹针充气球胆在立管检查口处堵严，由本层预埋口处灌水做闭水实验，以水位在规定时间内不下降为合格，注意检查各接口。

管道安装前需对原材料进行检验，除检查合格证等资料外，还需对实物检查，对不合格材料严禁进场使用。

管道安装时，必须严格尺寸，特别是卫生器具相接的管口平面尺寸，立管的弯头部位采用管支墩支撑，如条件不能满足则采用吊托架支撑，以避免水力冲击造成接口脱落或弯头损坏等现象。

安装水平管道时按标准要求控制好管道的坡度和坡向，严禁有倒返现象。

安装立管时按标准控制好立管垂直度，并按规定要求调设置检查口，并及时做灌水、闭水试验。

管道的支、吊、托架应安装在承口部位，管道安装完毕后，需进行灌水或通水试验，并会同甲方做好试验报告填写、签证等工作，工程竣工前需清理管壁杂物。

在施工中，电气安装方面，金属导管严禁对口熔焊连接，镀锌或壁厚小于等于 2㎜钢导管不得套管连接。三相或单相的交流单芯电缆，不得单独穿于钢导管内。花灯吊钩圆钢直径不应小于灯具挂销直径，且不应小于 6㎜，大型花灯的固定及悬吊装置，应按灯具重量的 2 倍做过载试验。插座接线应符合下列规定：单相两孔插座，面对插座的右孔或上孔与相线连接，左孔或下孔与零线连接；单相三孔插座，面对插座的右孔与相线连接，左孔与零线连接。单相三孔，三相四孔及三相五孔插座的接地（PE）线接在上孔，插座的接地端子不与零线端子连接，同一场所的三相插座，接线的相序应一致。

配管、盒预埋、预留：①要根据施工图纸及施工过程中适时插入预埋工作暗配钢管采用套管焊接，焊接前先用切齐，并用钢丝钳绞光内口，插入套筒后应到位再焊接，焊接的焊缝应严密，不能渗水，暗装 PVC 管采用专用 PVC 胶水黏接，黏接时，应将黏接部分清理干净，并将管端内上绞光，涂上胶水后，稍置片刻后插入旋紧；②施工前检查管材质量，外观应光滑、无泡、折扁现象；③在多尘和潮湿场所的管口、管子连接处及不进入盒（箱）的垂直敷设和管子上口穿越线后均应密封处理；④进入盒的管子应顺直，并用锁紧螺母固定，锁紧螺母的丝扣为2~4扣；⑤与设备连接时，将管子接到设备内，如不能接入时，须在管口处加接保护软管引入设备内；⑥在室外或潮湿的场所，管口处加防水弯头，为便于穿线，管路长度超过45m，无弯曲时，管路长度超过30m，有一个弯曲时，管路长度超过20m，有两上弯曲时，管路和长度超过12m，有三个弯曲时，均应在中间加装接线盒；⑦配管的弯曲半径一般不小于管外径的6倍，管径弯曲处不应有折皱、凹穴等缺陷，弯扁程度不大于外径的10%，配管接头不应设在弯曲处；⑧明装成套配电箱采用管端焊接接地螺栓后，用导线与箱体连接，接地跨接线焊缝面积不小于跨接线截面积，圆钢焊接时在圆钢两侧焊接，不准用点焊代替跨接线连接；⑨暗埋线盒应定位准确，固定牢靠，盒内预先填满锯末或细砂，以防浇捣混凝土时盒内灌进水泥砂浆造成堵塞；⑩暗装于墙面的接线盒其正面应与墙面平齐，如在墙面尚未抹灰时安装，则一般盒面需高出墙面1.5cm，使墙面抹灰后盒面与墙面平齐，盒体固定牢靠，以避土建施工时产生移动偏位。

四、项目工期的技术组织措施

项目施工进度计划能否按时完成，存在诸多制约因素，施工单位要根据现场实际，提前编制进度计划，编制设备、材料、机具进场计划，并要保证计划实现，一是要落实好项目总进度计划管理、阶段性计划管理、月进度、计划管理、周进度计划管理，并以周计划作为实施性计划并合理调配，在确保周计划的前提下，保证月进度、阶段性进度直至总进度的完成，确保工期控制点的实现。二是要制定工期的相应措施，在具体施工时有针对性地制定各项保证措施，以确保工期目标。三是要组织技术过硬、素质高的施工作业队伍，加强施工过程中组织管理，平衡调度，实行两班作业，制定合理的工期目标奖罚制度，并同时与施工质量挂钩。四是要建立生产例会制度，每周一次管理人员生产会，每日一次现场工长碰头会。五是在施工中，做好各项准备工作，特别是原材料、半成品，应提前做好计划，按要求进场，保质、保量及时到位。六是实行二级网络计划控制，及时调整、合理调度，制定月、周计划，采用计划控制的办法，以便及时调整。六是要采用成熟的建筑业新技术、向科学技术要进度、要质量，通过建筑业新技术的推广应用，力求缩短有关工序的施工周期，做好工序穿插工作。

五、项目的质量管理与技术保证措施

在本项目施工中，要全面推行《质量管理和质量保证》系列国家标准，认真贯彻执行本单位《质量保证手册》《质量管理程序文件》，建立健全以项目经理为首的工程质量管理和质量保证体系，并结合本工程实际情况编制本项目《质量保证计划》，对整个工程实行全面质量管理和“过程控制”。一是做好施工过程中的质量控制，贯彻执行各级技术岗位责任制，结合本工程的实际情况，编制“施工组织设计工程质量保证计划”。二是优化施工方案和合理安排施工程序，做好每道工序的质量标准和施工技术交底工作，搞好图纸审查、施工组织设计、施工作业设计和作业指导书基础技术工作。三是严格控制进场原材料的质量，对施工现场土方回填材料等物资除必须有出厂合格证或材质证明外，还应执行现场见证取样规定，经试验复检并出具复检合格证明方能使用。四是做好成品、半成品的保护工作，做好各工序或成品保护，下道工序的操作者即为上道工序的成品保护者，后续工序不得以任何借口损坏前一道工序的产品，同时还应做好产品标识和可追溯性记录，严禁不合格材料用于工程。五是采用质量预控法，把质量管理的事后检查转变为事前控制工序及因素，达到“预控为主”的目标。六是加强施工工艺管理，保证工艺过程的先进、合理和相对稳定，以减少和预防质量事故、次品的发生。七是坚持质量检查与验收制度，现场专职质检员，实行质量一票否决权，质检员对整个工程质量有严格把关的责任，严格按图纸设计要求和施工验收规范对施工全过程进行质量控制，贯彻以自检为基础的自检、互检、专职检的“三检”制，每道工序经检查合格后，方可进行下道工序施工。对于特殊工序应编制作业指导书，并对施工过程进行连续监控。八是施工工长应该认真及时办理各种隐蔽工程的隐、预检记录、专业质检员，做好复检工作，再请业主代表、监理代表、质检站进行验收。九是开展目标管理，进行目标分解，按分部分项工程落实到责任单位及人员，从项目的各部门到班组，层层落实，明确责任，制定措施，从上到下层层开展，用精心操作的工序质量，去实现质量目标。十是用全面质量管理的思想、观点和方法，使全体职工树立起“质量第一”和“为用户服务”的观点，以工作质量保证工程的产品质量。

监理企业在全过程工程咨询服务转型升级中的经验分享

刘伟明

浙江求是工程咨询监理有限公司

摘　要：全过程工程咨询服务经过近三年时间的试点推广、摸索探路、经验总结、行业规范和推陈出新的发展过程，主导权逐步从自上而下向业主方自愿选择的自下而上方式转变，监理之路会变窄，全咨之路将变宽。本文从前期策划、合同管理、造价咨询和沟通管理四个方面进行阐述和经验分享。项目的成功与否，是以从项目策划到竣工验收的高效全过程工程咨询服务为核心，项目管理团队更是起到了关键性的作用。作为监理企业转型升级成为全过程咨询企业需要在项目前期策划和企业咨询领域等方面全面提升，这样才有可能更好地促进企业发展，也才能为业主和政府提出更多的管理策略和实施方案。

关键词：全咨服务；转型升级；前期策划；合同管理；造价咨询；提升沟通能力

自发布《关于推进全过程工程咨询服务发展的指导意见》(发改投资规〔2019〕515号）以来，全过程工程咨询（本文简称全咨）服务经过近三年时间的试点推广、摸索探路、经验总结、行业规范和推陈出新的发展过程，如今进入了阶段性试点工作交卷评估之时。此后的政策红利会逐渐减弱，全咨服务的作用进一步体现，主导权逐步从自上而下向业主方自愿选择的自下而上方式转变，全咨服务将步入一个新的里程碑。

监理企业在转型升级试点中提升多少？监理企业核心竞争力在哪里？未来选择方向如何选择？这些都是摆在监理企业眼前的课题。监理之路会变窄，全咨之路将变宽，监理企业需要从以往的一条腿走路转向两条腿来稳步向前。浙江求是工程咨询监理有限公司从2017年底加快开展全咨服务以来，同样经历了不断探索和转型升级的过程，逐步从以监理业务为主转变成以监理和全咨业务并行发展的企业。下面从前期策划、合同管理、造价咨询和沟通管理四个方面进行阐述和经验分享。

一、前期策划咨询服务

前期策划咨询服务是全咨服务最重要的服务之一，也是指导项目实施和运行的基础，一个项目的成功必须有合理、有序、完整、科学的项目前期策划，更是项目成功与否的关键一环。常见项目前期策划咨询服务主要表现在可研报告论证、投资估算分析、概算审核或编制、设计方案论证、管理方案策划等诸多方面。本文主要选择具有一定特殊性的安置房项目，从成本角度和销售角度进行分析。

（一）从成本角度进行分析

在一般项目中，通过土地成本、建安成本、工程建设其他费、预备费、建设期利息等形成项目总投资估算，并用总投资除以全部建筑总面积计算出项目单方建筑成本。可在安置房的项目中并不是这样简单计算，其合理的操作步骤如下：

首先，计算土地楼面价，是以不考虑地下建筑面积（不计容面积）以及地上安置房面积、物业管理面积等不用于市场销售的面积，仅考虑可销售房产面积计算单方土地楼面价。其次，计算可销售建筑面积的单方工程成本，第一步是把可销售面积中的不装修与精装修部分分离出来并剔除装修部分的费用，同时核算出地下室的车位数量和测算可销售地下车位带来的销售收入；第二步把总投资成本（不含土地费）扣除地下车位销售收入得到了调整后的总成本费用，假如合同中安置房有回购的，还需继续扣减回购成本；第三步是把调整后费用除以可销售建筑面积形成了可销售建筑面积的单方工程成本。最后，根据可销售部分的毛坯房、通道装修、精装修、外立面精装修的单方装修成本不同，形成一个多种类型的可销售部分单方工程成本。加上前面的土地楼面价最终得出分类的单方可销售房产的成本汇总分析表。

（二）从销售角度进行分析

在成本汇总分析的基础上，业主方需要加上一定相关费用及预期利润才形成销售的预测价。可在前期策划的实际分析报告中，会遇到测算后的成本大于周边的销售价格，通常会定性项目不可行或巨大风险，如何进行进一步分析策划和方案调整是全咨企业的策划能力的重要体现。

首先，需要从建筑本身的设计方案可行性进行论证，例如某小城市安置房项目通过把原设计方案中的二层地下室改为一层地下室，减少不计容面积或成本高昂的二层、三层等地下室比例，让项目车位配置符合要求和绿地率满足规划条件为前提的合理配置方案建议；其次，通过建议适当调整安置房和可销售面积的比例，或者适当调整本项目的容积率（招拍挂前）；最后，由于此类项目是由地方城投运作，少数会采用先规划、策划，后续才进行招、拍、挂流程的方式，则可通过建议合理调整土地出让价、容积率、安置房配比等方式降低可销售部分的楼面价，最终实现成本收益的平衡或产生一定的利润空间。

二、合同管理贯穿项目全过程

在经过了策划和设计阶段之后，通过项目招标投标选择合适的施工单位和相关配套服务单位进入了全咨服务的工作日程。如何制定总控计划？如何制定资金策划？如何编制合同和技术要求？这些都需要咨询企业进行策划和方案的制定，而咨询服务管理工作围绕着合同主线进行管理尤为重要。

（一）建立完善的合同管理库

随着咨询服务行业与信息技术的不断融合，咨询企业需要逐步建立自己的数据库系统。首先，把各类合同和合同模板整理到企业数据库里，如 EPC 合同、施工总成本合同、专业施工合同、咨询服务合同、设计合同、勘察合同等；其次，招标文件和技术方案也要形成各自的数据库，根据不同的地区和不同要求编制各类招标文件，全咨项目跨区域特点也要求咨询单位管理人员在知识、能力、水平和适应性方面具有更高的要求；最后，建立完善的咨询单位与其他服务机构（或供应商）名录库。通过建立完善的名录库，加强企业的战略性合作，让企业的弱项通过联合体弥补，实现咨询服务的最优化。

（二）提升全过程合同管理能力

合同管理围绕着整个全过程咨询服务范围，甚至包括项目竣工验收、工程结算、工程缺陷期维护和工程纠纷索赔。下面以 EPC 工程总承包为例简要探讨合同管理的主要过程。

1. 支付方式的选择

采用扩初图纸基础上的固定总价包干模式，或采用施工图阶段为分界面的预算调整的结算模式等。在招标前必须与业主、财政部门充分沟通协调，理顺思路逐步推进的方式进行，切不可盲目选择模糊不清的工程结算方式，这样会导致后期严重的超支及索赔情况，甚至可能造成项目无法推进。

2. 违约责任处理

在减轻施工企业负担政策下，一些地区履约保证金也随之下调到 2%。可违约处罚是否以最高额度为 2% 也存在着一定争议。但有些业主还是要求在合同中明确当扣款不足时，将从工程款内直接扣减且上不封顶。可在实际的操作过程中却还是会有争议，可能影响按合同履行或法律纠纷。因此，在制定处罚措施时，既不能够把违约金设置太高，可也不能把违约金设置过低。要根据项目的大小、特点、工期、技术要求等设置相对合理的违约金处罚金额，以便于推动项目有效开展、保证质量和成本控制的要求。

3. 合同中其他要求

明确项目实施的工作范围是最核心的要求，包括施工所需的水、电、道路等七通一平的界面确定。如前期土地平整、绿化迁移、管线迁移等是否包含在 EPC 总承包内？技术要求、质量要求、进度节点、材料品牌、分包要求、竣工验收、环境保护等方面是否已经落实？合同的内容表达得越详细、越清晰，在实施过程中越是有据可依。但必须以合理性和公平原则为基础，这才能更好地推进项目的实施。

三、全过程造价咨询管理服务

全咨造价全过程服务需要跳出传统以造价核对为主的局限性思维，向以项目全生命周期成本控制为主线的思维转变。需在投资估算、概算、预算、过程审计、结算、决算、维护费用上用全方位视角进行分析和决策。

（一）造价控制基本要求

成本控制中坚持以概算不超估算，预算不超概算，结算总价不超概算批复总价或者概算批复乘以中标费率的原则。从概念性方案阶段、扩初阶段、招标阶段、施工图阶段等环节提出造价决策分析和调整建议，在招标阶段更是要充分考虑合同中关于工程造价、变更管理、价差调整、处罚管理、无价材料、品牌定位、支付管理、竣工结算等相关要求。

（二）关于无价材料问题

无价材料在EPC工程总承包项目中，特别是在以类似费率招标的项目时，一定要明确无价材料的管理办法和定价机制。一旦管理不当会出现大量的无价材料需要询价和核算，尤其是像体育馆、歌剧院、实验大楼、医院项目、大型综合体等非常规性项目，无价材料占比更高、管控更难。这更需要建立一整套完整的无价材料管理办法来控制无信息价材料的处理，避免带来成本失控的风险。

（三）界面清晰是关键

造价核算需要非常清晰的界面和范围。在采用以初步设计图纸和扩初概算为基础的EPC工程总承包时，往往会出现多种不同情况的结算方式，而最常见的还是以初步设计图纸、技术要求为界面的固定总价包干模式，以及以施工图预算的类似于前期进行费率招标的模式。当采用固定总价包干模式时，造价咨询服务要始终围绕着扩初图纸和技术要求这个界面。既要防止出现盲目的变更，更要制约出现过度的核减或品牌档次下降；当采用施工图预算为结算界面时，不仅要控制好从扩初设计到施工图设计，以及所有的专项、子项的预算控制，并且在施工图阶段进行预算审核前就需要提前介入进行造价预算预评估工作，以便实现项目施工图阶段的预算价和最终结算价控制在合理的范围。

（四）关于过程造价控制要求

造价全过程咨询是一个与支付相关的咨询服务，任何变更和签单都必须有据可依，而且还需以合同为依据。当合同中明确不予支付或者已包含在投标总价中的费用一列不可乱签确认单。当合同中难以判断的内容，需查询各种依据，以及同财务审计和业主进行沟通。例如在实施过程中出现工期压缩、临时用电变压器安装费用承担的问题，固定总价中的某些变更超出了合理范围需核减费用的问题，关于改变模板带来的成本变更问题，以及采用柴油机进行桩基工程的费用增加等诸如此类可能带来造价的变更索赔情况，必须与业主方沟通协调最终需达成一致的意见，否则有可能影响工程成本、进度安排和质量保证，甚至是仲裁或诉讼。

四、转变思维提升沟通能力

项目管理中的沟通非常重要，良好沟通是项目成功的必由之路。总咨询师以及管理成员一定要充分利用沟通的作用来推动项目的实施，总咨询师要掌控好项目沟通的主导权，运用职位权力、处罚权力、奖励权力和专家权力等方式进行沟通。

（一）创建利益相关者登记册

利益相关者是指影响项目决策、活动或结果的个人、群体和组织，以及对项目决策、群体和结果可能产生影响的个人、群体或组织。最先被纳入登记册的应该是业主方的相关人员、设计相关人员、施工单位、专业分包人员，以及总公司管理人员和项目管理团队成员。不仅需要记录职位、权力、年龄、电话、微信等描述，还需要对主要利益相关者的特点、专业、风格等综合性评价或进行人事测评工作；其次是根据不同的地区对行政部门的相关人员进行查找、咨询并记录办事的流程和审批要求；其三是需要从企业组织过程资产调出本地区相关的合作供应单位及专家名录库，以便在实施过程中委托咨询或服务外包；最后是其他周边利益相关者或合作单位，其中包含住宿餐饮、后勤保障等各类服务单位。

（二）制定沟通协调管理计划

沟通方式主要是交互式沟通、推式沟通、拉式沟通等，其中交互式沟通指采用会议、电话、视频会议的方式，推式沟通指采用电子邮件、微信群公告、管理日志、工作报告的方式，拉式沟通指采用企业内网、企业数据库的方式。并根据各利益相关者不同阶段不同需求给予相对应的信息和内容，以及根据不同阶段要求设计、施工单位等提供各类相应的信息资料，形成一个网络化的信息沟通管理体系。并设置沟通中的各类表格、报告格式、工作信息流向图、工作流程图、会议计划、沟通频率和时限，以及项目状态会议、项目团队会议、周例会、监理例会、网络会议等工作指南和模板。

（三）沟通管理协调工作

在全咨服务团队中，主要是以项目管理组、监理组、造价咨询组、招标组、专家组、设计管理组、后勤组等组成。项目管理组不仅要协调团队内部、施工进程和业主关系的沟通，还要做好与政府部门、配套部门、外部协调、纠纷处理、工程变更和工程索赔等相关事务的协调工作。在整个与利益相关者的沟通中需要有重点、有针对性、有区别的沟通管理技巧。最常见的沟通分析策略是采用权利或利益方格，是根据不同的沟通对象采用让其满意、重点关注、随时告知和监督管理的不同策略。如对于高层领导应让其满意，对于项目的直接领导应重点关注，对项目管理推进的核心人员采用随时告知，而对施工方、设计方、团队成员则通过监督管理。

（四）监督和控制沟通管理

监督和控制沟通的能力是总咨询师和核心团队成员必须掌握的一种技能，有效地利用各种管理手段对项目中出现的问题和需要进行沟通的内容进行全程掌控，有助于更好地推进项目，保质、保量、合理、可控、按期实现项目的最终目标。

在全过程工程咨询服务的试点项目实施过程中，由于早期采用的类似于费率招标方式的工程总承包（EPC）项目比较普遍。某工程项目在无价材料是否按照费率同比例下浮问题与EPC总承包单位产生的纠纷且涉及的金额较大。由于在合同中没有十分明确进行表述，双方一时之间也没有办法得到有效解决。无法确认实施过程中的工程预算引起了进度款支付滞后，施工单位对此以停工威胁来制衡，而一旦处理不当会对项目实施过程产生较大的影响。沟通在此发挥着至关重要作用，为了无价材料下浮率问题召开了大小会议无数次。咨询单位跟业主方协调一致且在原则问题、核心问题上绝不盲目松口。但为了解决停工风险和进度款支付问题，采用的办法是对争议的无价材料部分先搁置，在进度款支付工程量中先剔除含有争议的无价材料费用，并按照合同要求支付其余的进度款，项目在不断沟通协调中重新步入了正轨。在通过跟业主、财政和相关部门协调制定无价材料基准价定价原则时，也是适当地给予一定灵活措施，在选择平均价和最低价中同意采用平均价，而前提是结算价需按照EPC施工中标费率同比例下浮。如今项目已接近完工，整个项目开展过程中围绕无价材料问题一直纠纷不断，最终还是以无价材料按比例下浮的方案落实，需要咨询单位在项目实施过程中始终掌控着沟通的主导权，这对项目的成功起到了关键作用。

结语

项目的成功与否，是以从项目策划到竣工验收的高效全过程工程咨询服务为核心，项目管理团队更是起到了积极的作用。前期策划、合同管理、造价咨询、沟通管理只是全过程工程咨询服务中的一部分。随着建筑产业的快速发展，推陈出新的管理模式和服务内容不断涌现。作为监理企业转型升级成为全过程咨询企业需要在项目前期策划和企业咨询领域等方面全面提升，这样才有可能更好地促进企业发展，才能为业主和政府提出更多的管理策略和实施方案。在这个新的十字路口，监理企业要么在快速发展中安于现状，要么选择在前行中脱颖而出。加强全过程咨询服务人才培养和引进，建立完善的项目管理各项制度，推进咨询服务的改革和创新，让企业拥有行业中的核心竞争力，才能够在迷茫中拨云见日，继往开来。

大型市政工程全过程工程咨询实践经验

赵开跃

浙江江南工程管理股份有限公司

摘　要：全过程工程咨询在房屋建筑工程领域取得的成功也促进了其他领域对全过程工程咨询的积极推行，目前其他领域也在积极地研究、探索和实践，结合衢州某市政工程全过程工程咨询实践案例将项目管理、招标采购、工程监理、造价咨询等业务资源和专业能力整合起来，实现项目组织、管理、经济、技术等全方位一体化，有效解决了传统建设管理模式各阶段相互割裂所带来的弊端，取得了良好的经济和社会效益。

一、项目基本概况及特点

衢州市某过江通道工程，起于九华中大道路口至新元路路口，线路终于荷一路与新元路交叉口。全长2163m，隧道主线工程为双向四车道，设计行车速度50km/h。其中隧道明挖敞口段长221m，暗埋矿山段隧道长385m，明挖暗埋段长1123m，围堰明挖段长100m；隧道限界净宽8.5m，净高4.5m。配套管理用房1座、给水排水及消防工程、监控工程、动力照明工程、通风工程、防灾救援与疏散工程、交通与沿线设施工程等安全和服务设施。本项目概算总投资约109587万元，项目建设总工期28个月，是衢州市首个试点采用全过程工程咨询的市政基础设施工程。

特点：

1. 项目重大，理念先进；作为首条水下矿山法隧道，行业影响巨大。

2. 规模较大，工法多样；穿越大型水体和江心岛，基坑最大开挖深度约23m，最小水下埋深仅8.3m。隧道采用了围堰明挖、明挖暗埋、矿山法暗挖三种施工工法，实施过程中工法转换频繁。

3. 专业面多，综合性强，管理要求高；工程为水下市政隧道工程，专业繁多，组织机构复杂，项目协调管理难度大。项目采用总承包（EPC）模式，设计、施工及管理要求高。

4. 地质复杂，施工风险大；衢江段采用矿山法暗挖施工，隧道埋深较浅；地质条件复杂，特别是衢江东岸大堤以下三角区内卵石层较厚，突涌水风险高；隧道以暗挖方式下穿衢江大堤和衢江南路等重要建构筑物，地层变形控制要求严格。

二、全过程工程咨询服务的内容和特色之处

（一）全过程工程咨询服务的内容

本项目咨询服务范围对建设工程全寿命周期的各个阶段都有涉及，按专业划分为建设管理工作、施工监理、造价咨询和招标代理。主要包括但不限于以下工作：

1. 建设管理工作内容：在招标人的授权范围内，履行工程项目建设管理的义务，包括工程建设手续办理、设计优化及设计管理、施工管理、竣工验收、结算、决算及移交（合同中明确具体工作内容）管理。对整个工程建设的质量、进度、投资、安全、合同、信息及组织协调所有方面进行全面控制和管理。

2. 施工监理内容：对该工程投资控制、进度控制、质量控制、建设安全监管

及文明施工的有效管理、组织协调，并进行工程合同管理和信息管理等方面工作。

3. 造价咨询工作内容：主要包括本项目概算编制、审核、预算编制、建设工程进度款审核、结算初审、配合决算编制审核等相关工作；与本项目相关的工程洽商、变更及合同争议、索赔等事项的处置，提出具体的解决措施及方案；制定投资控制方案并实施；编制工程造价计价依据及对工程造价进行控制和提供有关工程造价信息资料；无价材料设备询价等服务。

4. 招标代理工作内容：根据项目建设总体计划编制招标采购计划，制定招标采购方案，依法组织招标采购活动。包括本项目工程总承包、材料设备采购等一切后续与工程相关的招标采购代理工作，含办理招标采购工程的报建、发包申请、编写资格预审公告、招标公告、资格预审文件、招标文件、答疑文件，发放招标文件及图纸、答疑，组织开标、评标、定标，相关招标资料整理和备案，协助业主签发中标通知书，办理交易单。

（二）全过程工程咨询服务的特色之处

全过程工程咨询是采用多种服务方式组合，为项目决策、实施和运营持续提供局部或整体解决方案以及管理服务。本项目全过程工程咨询的特点是采用集成化，将项目管理、招标代理、工程监理、造价咨询等整合为一，实现项目组织、管理、经济、技术等全方位一体化，为项目高效推进提供了保障。

1. 全过程工程咨询不仅在时间跨度、专业融合、咨询内容、服务手段、咨询收费等方面得到集中统一，而且有更多职权、手段，便于进度、质量、安全文明、造价控制，为真正做到事前、事中控制提供可能。解决了传统的碎片化管理多方担责实为互不担责、管理效率低下的问题。减少了工作对接，提高了工作效率，减轻了业主工作协调负担，提高了规避风险的意识，提高了管理水平，提升了服务质量。

2. 人才专业结构技术水平高。全过程工程咨询人才结构与传统监理企业的人才水平大大提高，尤其是高素质具有统筹管理的项目管理领导者、高水平的设计管理人才，从业队伍的专业知识、综合管理水平，都能紧跟时代社会、政府部门、业主单位的需求。

3. 全过程工程咨询的多方案性。为项目建设提供局部或者整体的多种解决方案，咨询单位通过大量项目实践总结的案例方案，为建设单位的方案比选、优选、决策提供可选性、实践性强方案案例。

4. 深化风险识别。对项目技术和建设风险提前识别，并对相关风险进行预防和开展，信息掌握和资源分配逐步明晰，即时获取有效的资源，并且通过完善各方面资源，不断加强对风险的处理，促进各参与方利益平等，提升风险分担合理性。

5. 创新服务模式。采用“小前方大后台”的模式，每个项目部是公司在项目上的管理前站，项目推进建设过程中发现存在的重难点技术问题，公司总部立即响应介入，发挥公司技术部门和公司专家组的力量，通过组织专家会或现场指导的形式，解决了项目上重难点技术问题。

6. 信息化技术的应用。江南管理企业的信息化技术一直走在行业前列，根据工程管理的实际需求开发建立智慧江南信息化管理系统，对项目进行实时静态、动态管理。

1）项目 DIS 展示系统。项目人员通过项目展示系统后台维护，建立项目展示分级分部制度，依托平台展示系统建立项目总展区，以及根据工程项目特点建立分部分项工程展区。

2）江南工程巡检系统“江南 E 行”安全系统。依托互联网模式，实时对工程项目安全监理工作进行动态管理，项目实行全员安全管理模式，根据系统的三级目录管理要求填写相应内容和影像照片，对巡检中发现存在的问题，及时跟进问题措施整改落实闭环情况，系统对问题有统计和提醒警示功能，施工过程中所遇到的安全管理问题，及时通过“江南 E 行”平台进行实时进行反馈，公司相关技术组人员对相关问题进行实时推送答疑解困，同时公司后台系统对重大问题及时预警督促事业部、分公司要求项目限期整改完成，通过层层管控，把工程施工安全风险降低，减少了安全事故的发生概率。

三、全过程工程咨询服务的组织模式、组织架构

结合项目的工作任务量大，管理工作复杂，协调事项多，工期紧等特点，策划项目的组织模式、组织架构，全过程工程咨询服务采用“直线职能式”组织模式，该模式把直线制组织结构和职能制组织结构优点结合起来，既能保持统一指挥，又能发挥参建人员的作用，分工精细、责任清楚、效率较高、组织稳定性好，能发挥组织的集体效率。

策划项目的组织架构，根据项目特点建立建设项目管理总体组织架构和全过程工程咨询部组织架构两个组织架构。

由政府相关主管部门和建设单位领导小组组成的决策层来对项目的整体方

向及全局性事件进行把控，为建设项目做出决策、给出方向指导，如图 1 所示。

全过程咨询项目部作为项目执行层，主要负责对决策层的重要指示进行执行及项目建设过程中的外部协调、内部沟通及监督检查，并对全过程咨询项目部进行授权与考核，以保证项目顺利推进。全过程工程咨询部组织架构图如图 2 所示。

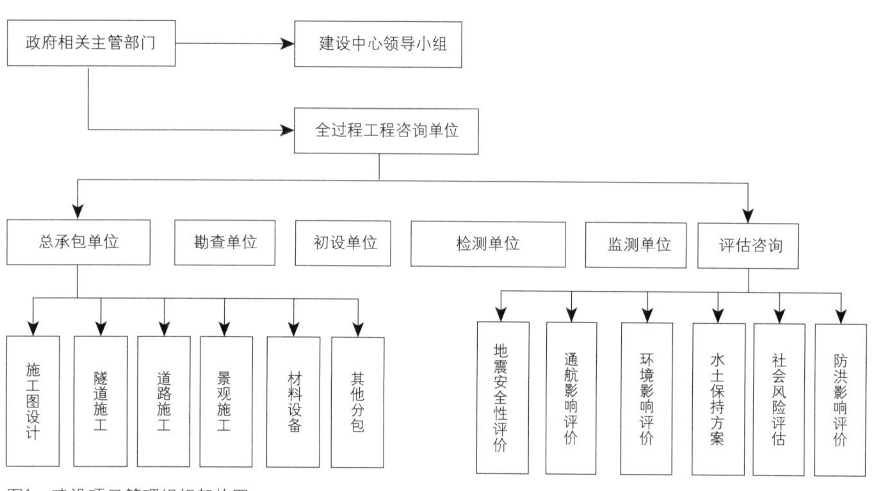

图1 建设项目管理组织架构图

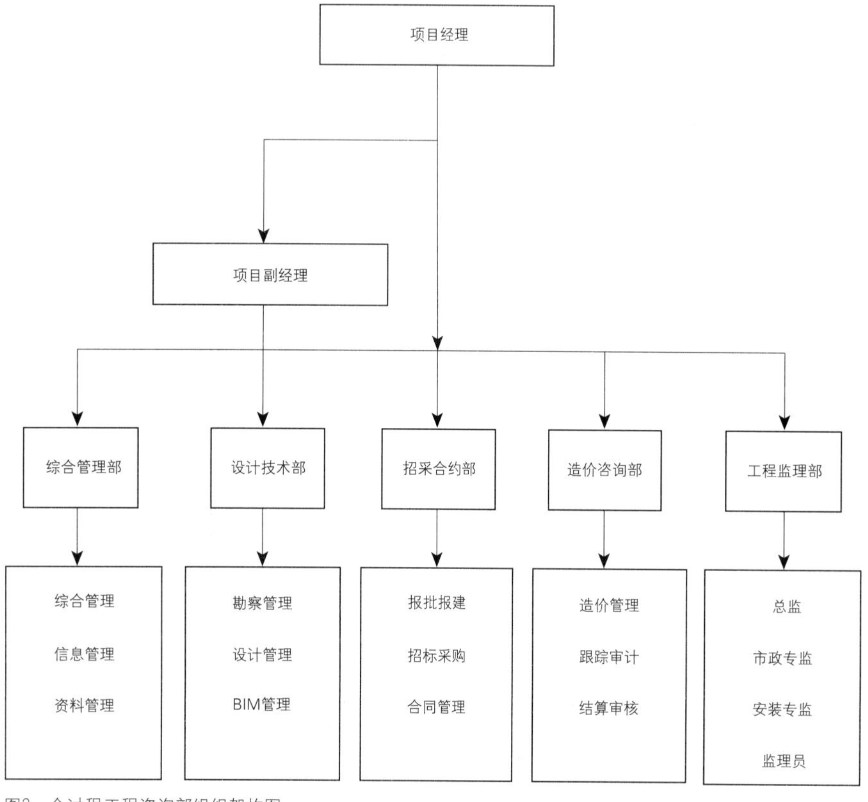

图2 全过程工程咨询部组织架构图

四、全过程工程咨询服务的实践成效

项目开展全过程工程咨询服务，从项目策划开始，到项目投入运营阶段，对每个阶段完成的工作，咨询项目部及时进行总结工作，形成阶段性的总结报告，取得的一定实践成效，总结如下。

（一）设计管理所带来的功能优化

设计管理是项目质量保证的基石，是工程的成本控制的关键，组织公司技术专家组，对项目设计的平面布置、功能布局等方面进行了仔细审核，提出大量专业、合理的优化设计建议并收集业主及相关职能部门的审核意见，督促设计单位修改完善。项目设计工作，在紧促的时间内取得了有效的成果，为后续其他工作提供了保障。

（二）项目进度控制成效

1. 项目实施进度目前处于收尾阶段。到目前为止，主要开展了项目前期报批报建、方案及初步设计管理及审查、EPC 工程总承包等招标代理、前期的造价咨询、EPC 工程总承包单位的施工图设计管理及现场施工管理工作。在质量及进度总控目标下，通过项目实施的总体策划，协助业主单位快速地梳理各类事项，提供专业化、科学化的管理，运用系统科学的观点、理论和方法对项目实施进行计划、组织、指挥、协调和控制，已经发挥出较好的作用。主要的工作成效有：

1）编制的项目实施策划、各类工作计划及作业指导手册等，很好地指导了项目实施；EPC 招标方案的策划，为该项目总承包的招标指明了方向，也为后续管理工作奠定了基础。到目前为止，项目实施进度基本是按计划完成，并取得了一系列阶段性成果。

2）现已全部完成了前期报批报建工作，与常规情况相比至少节约了 2 个月的时间。

2. 对 EPC 工程总承包单位的施工图设计及施工管理主要是采用动态控制，及时对比目标计划和实际实施情况，分析偏差原因及当前对各类目标的影响，提出调整的措施和方案。定期或根据实际需要召开各类协调会。

（三）项目投资控制成效

在项目实施过程中，项目管理要严格执行省市区政府的相关文件，严格招标投标、合同签订中的投资控制工作，严格按合同进行计量、计价、变更确认及决算的审核，投资控制在预算范围内。加强施工过程中各环节的控制，节约投资，控制成本，提高效益。

在保证工程质量的前提下，通过严格的过程控制、规范的管理流程，以技术和经济相结合的方法，确保实现降低成本，提高经济效益、社会效益和环境效益的目标。项目概预算的控制是本项目投资控制的重点，本项目投资目标不得超过最后批准的总概算费用，编制了目标成本，确定项目实施总投资指标，及时整理和汇总成本管理的资料和数据。

（四）项目质量、安全管理成效

1. 工程质量管理

监理部对工程质量进行全面的预控制，重点工序关键、节点进行全程跟踪旁站监理，制定创优评杯方案，实行样板先行、样板引路，确保工程质量目标的实现。

2. 安全生产管理

项目开工策划安全文明施工管理按照“浙江省建筑施工安全文明标准化示范工地”的具体要求现场文明施工标准化、定型化的策划实施。建立安全管理组织架构，做好各项安全监测管理工作，建立危大工程的安全管理台账。

（五）“BIM”技术的应用

项目在初步设计、施工准备阶段，咨询项目部策划相关的相关单位协商制定项目的“BIM”技术应用实施情况，通过 BIM 技术应用对建筑的数据化、信息化模型整合，在项目策划、运行和维护的全生命周期过程中进行共享和传递，使工程技术人员对各种建筑信息做出正确理解和高效应对，为设计团队以及包括建筑、运营单位在内的各方建设主体提供协同工作的基础，在提高生产效率、节约成本和缩短工期方面发挥重要作用。

五、项目实践经验分享及意见建议

该项目作为穿越衢江主干道的第一个地下过江通道，规模大，技术复杂，该项目按照预定计划顺利提早开工建设，与采用全过程工程咨询模式及全过程单位全力投入密不可分。江南管理作为项目全过程工程咨询单位，总结以下经验，与大家分享：

1）通过全过程工程咨询能够充分发挥出专业化团队的优势，进行项目实施策划，组织运用系统工程的观点、理论和方法对建设工程项目周期内的所有工作进行策划、计划、组织、指挥、协调和控制。这就需要建设单位的充分授权和科学管理。

2）全过程工程咨询单位作为多项管理功能合一的责任人，与业主、各参建单位一道为项目命运共同体，全过程工程咨询单位的咨询服务由被动服务变为主动咨询，能够站在业主的角度积极主动做好服务工作。同时也给咨询企业对复合型人才、精细化管理上提出更高的要求。

3）能够统一资料管理，提高资料的信息化管理水平、注重资料关联性、真实性、及时性、全面性、有效性、合法性。加快前期报建、验收备案等工作。

在项目实施过程中，作为全过程咨询单位，公司也遇到一些困难和问题，需要各方改进，意见建议如下：

1）项目前期工作要做深做细，对项目实施范围内的政策处理更要摸查清楚，如土地征收、房屋拆迁、清表、临时占地等事宜，需提前与相关职能部门做好沟通对接与协调工作。建议建立多部门联动的沟通协调机制，对重大项目，相关职能主管部门安排专人负责，从而消除推诿扯皮；建立审批承诺制度，提高审批效率；建立及时报告制度，对各参与方都要约定相应职责和处罚措施。

2）设计管理是重中之重，特别在初步设计审查时，需密切注意和收集各职能部门和专家提出的意见，并跟踪初步设计单位落实和回复情况，建议在此过程中，加强监管措施。

3）在提供专项咨询服务方面需要加强，如投资决策综合性咨询、工程保险专项咨询、合同纠纷法务专项咨询等领域还比较薄弱，需加强专业技术团队的建设，人才的培养。

4）目前现阶段开展咨询工作应进一步深耕前、后延伸，把前期咨询和运营维护管理工作真正意义上地融入进来，而不是停留在目前的技术标准上。

通过项目的不断试点实践，充分发挥了全过程工程咨询以技术为基础，综合运用多学科知识工程实践经验、现代科学和管理方法，为投资建设项目决策、实施过程和运营维护的全生命周期提供技术性和管理性的智力服务。

监理、代建融合性组织模式下的全过程工程咨询案例分析

刘永康
陕西中建西北工程监理有限责任公司

摘　要：监理企业在转型全过程工程咨询业务时，应始终坚持以技术服务为核心，协助建设单位解决设计、施工阶段的重大技术问题。因监理企业在决策和统筹管理方面尚存在不足，在重大项目中，建设单位一般会委托管理、组织能力较强的代建单位实施项目全过程工程管理，但代建单位在设计、技术方面又是弱项，因此，若监理和代建单位能够组成融合性组织模式，可谓是技术、管理的强力联合，形成“一家人”的互利共融局面，既能取长补短，又能缩短管理流程，还能更好地服务于业主，为业主创造更大的价值。陕西中建西北工程监理有限责任公司（以下简称中建西北监理公司）作为陕西省首批全过程工程咨询服务试点企业，按照母公司中国建筑西北设计研究院有限公司（全国四十家全过程工程咨询服务试点企业之一，以下简称中建西北院）“两全一站式”的工作模式，积极进行全过程工程咨询服务的项目管理实践。公司派驻陕西国际体育之窗项目的全过程工程咨询管理团队与代建单位通过组建融合性组织模式，协助业主顺利完成了场馆建设、交付使用和赛会期间维保等各项政治任务，使该项目成为“十四运”期间重要的亮点场馆，受到“十四运”组委会高度赞扬。

关键词：优化；关键线路；技术；转型

一、项目概况

陕西国际体育之窗项目，位于陕西省西安市高新区唐延路与科技八路十字东南角，总建筑面积约37万m^2，总投资约41亿元，包含三座塔楼及四层裙房：1号楼54层，总高241.5m；2号楼34层，总高137.7m；3号楼21层，总高98.5m；裙房4层，高23.7m。项目在十四届全运会期间作为赛事指挥中心和广播电视中心功能用房，在“十四运”全赛事转播、赛事证件制作注册、赛事信息技术处理等方面发挥了重要作用，“十四运”结束后，将打造以“体育＋商业＋旅游＋办公”为主题的新型商业建筑，全力助力“后十四运时代”，其中项目室内滑雪场、滑冰场也成为西安首个以冰雪为主题的室内设施。项目建设单位为陕西省体育产业集团有限公司，代建单位为陕西旅游集团建设有限公司，公司作为代建单位的全过程工程咨询单位，在代建单位的大力支持下，参与项目全过程管理工作。

二、全咨团队及服务的主要内容

本项目全过程工程咨询主要工作内容包括：决策顾问咨询、设计管理、工程管理、信息管理、造价咨询、组织协调、后勤行政等主要工作内容，涵盖前期方案策划阶段、施工图设计阶段、招标投标（分包）、施工阶段、竣工试运营阶段、运营维保各个阶段。

公司派驻现场的技术服务团队（以

下简称团队）共 8 人，经与代建单位多次沟通，结合项目情况，共同成立了指挥部，公司项目负责人将全咨服务团队配备人员分别融入代建单位的工程部、设计部、合同预算部、后勤行政部，形成融合性组织模式，在各部门部长的统一安排下，与代建单位各部门的工程师共同负责项目管理的具体实施工作。

公司全咨团队的项目负责人拥有强大的技术能力、技术资源组织能力和丰富的项目管理经验，能够协调调动公司各类人员，在项目设计管理的关键时刻协调中建西北院著名设计大师赵元超及其他大师，确保全咨团队步调一致，全力解决项目技术、管理，协调解决各种问题。本人作为项目负责人的助理，具体负责执行项目现场的各类管理工作。

三、融合性组织模式下全咨团队的工作成效

经团队策划，项目总指挥批准，在融合性组织模式下，项目指挥部建立了统一的工作制度，明确了人员工作职责及工作任务，确定了项目管理思路，全咨团队利用设计及技术优势成功在方案、设计、施工管理、组织协调等方面全力以赴，协助业主顺利完成“十四运”这一政治任务，获得业主的高度认可。具体工作成效如下：

1. 设计阶段设计管理层层把关，设计图纸深度优化，节省投资，业主认可

因项目历经多次重大方案调整，直至团队进场时，方才确定初步调整方案，考虑到“十四运”节点这一重大节点任务，项目不得不“违反”程序，采取“边补勘、边设计、边施工”的“三边”建设模式，团队为保证项目设计进度、设计质量以及设计优化等方面进行了全面管理，利用专家团队为设计工作提供了优质的技术服务，最终不仅保证了设计成果的质量，还为业主节省了大量投资，通过团队专业的技术服务，受到业主的高度认可。

设计进度及设计管理方面，在指挥部设计部的统一安排下，团队由专人负责向设计单位下达设计任务书，设计管理过程中审核设计进度计划，驻场督促设计单位按照计划提交设计图纸，收到图纸初步审核后，交由专家团队进行审核。指挥部委托公司审图中心进行设计审图工作，因特殊情况，团队项目经理协调审图中心在经过专家审核后对设计文件进行过程审核，设计单位根据审核意见修改，经确认无误后交由现场实施，以确保设计质量得到保证。

设计优化方面，通过公司冰雪设计中心 3 个月内促成了冰雪设计方案的迅速落地，过程中利用技术优势快速协助项目确定外立面幕墙及泛光照明深化设计方案、室外景观深化设计方案、裙房屋面绿化方案、裙房结构加固方案 10 余项重大设计方案，同时邀请专家对原设计中的建筑、结构、机电安装、外立面、装修等各个专业进行优化设计指导，为项目节省投资约 5000 余万元，在推进设计工作和节省投资方面取得重大成效，赢得了代建单位的高度认可，也受到建设单位的高度赞扬。

2. 施工阶段进度跟踪，技术引领，组织协调，完成政治任务

陕西国际体育之窗项目承担着“十四运”赛事转播和信息发布的核心中枢的作用，场馆建设任务由陕西省政府与建设单位签订目标责任书，明确建设目标及建设要求。截至 2019 年团队进场时，项目进度严重滞后已成当前急迫解决的问题，功能方案、设计图纸等经全资团队的参与逐步得到解决，如何推进项目建设成为全资团队的核心工作，在融合性组织模式下，业主大力支持全资团队的各项工作，全资团队果断采取各种措施帮助业主顺利地完成“十四运”和省委省政府交办的政治任务。在施工阶段全咨团队的主要工作成效如下：

1）进度科学管理，全面跟踪：以“十四运”场馆建设任务节点为关键节点，利用 Project 审核总进度计划，找出关键线路，重点控制，逐项细化分解，指挥部、监理、施工公司级负责人现场办公，不允许出现一处闲置作业面，通过 40 天的坚持，如期完成约 6600m^2 的地下室主体结构第一个关键节点任务。其后，每 5 天由各单位主要领导召开进度推进专题会，对于滞后严重的关键节点，由总指挥约谈施工单位上级公司总经理并要求上级公司负责生产的负责人驻场监督，以每 5 天一层的建设速度，120 天内完成约 3.6 万 m^2 主体结构封顶这一重大节点任务。后续在各方的共同努力下，2020 年 9 月 30 日如期完成“十四运”区域场馆建设任务，顺利通过“十四运”组委会验收，2021 年 6 月 25 日完成“十四运”区域所有室内装修任务，“十四运”各转播团队按期入驻，全运会期间本项目成为“十四运”场馆中的亮点场馆，受到各级领导的高度好评。

2）施工过程中技术引领，勇于承担：内支撑拆除长期制约着项目进展，成为关键线路上不可逾越的鸿沟，全运会场馆建设目标的实现也因此变得遥不可及，团队通过多方论证，在其他各方单位均认为存在重大风险，不出明确文件时，团队勇于承担责任，利用技术论证说服施工、监理、分包，签发拆除令，最终顺利完成基坑内支撑拆除工作，为项目节省工期 6~8 个月，节省投资约 3000 万元，既保

住了全运场馆节点，又节省了大量投资，彻底扫清关键线路上的各大障碍。

团队在施工过程中，团队利用技术优势，审核超高层及重要危大工程专项方案50余份，并代表建设单位参加专家论证会。协调设计技术资源及设计单位解决如地铁接驳、超大雨棚结构等30多项重大技术问题。

3）积极参与手续办理：项目因历经多次重大方案变更，也因工期因素，项目不得不边建设、边办理建设手续，项目在完成“十四运”建设时，“十四运”组委会明确提出入驻前需完成场馆验收工作，团队在指挥部的统一安排下，在节能评估、超限审查、地铁安评、质量监督、图纸审查、建设手续方面全面提供技术支持，组织专家，协调相关政府和职能部门完善相关技术评审及论证工作；项目竣工验收及专项验收方面，积极整编资料，协调政府相关部门，进行竣工验收以及人防、节能、环保、规划、工程资料等专项验收工作。

4）参与协调：项目在办理建设手续、施工阶段、验收阶段以及运维等各个阶段，指挥部主要领导和团队共同直接参与陕西省住房和城乡建设厅、发展改革委员会、国有资产监督管理委员会等共计100余家政府部门及单位项目主要负责人就项目问题进行沟通协调，使得项目各个阶段的问题及时得到反馈和解决。

5）重大方案策划、接待及“十四运”保障：项目为省级重点工程，也是“十四运”重要的功能场馆，项目建设由指挥部牵头举行了3号楼“9.10”节点启动仪式、3号楼主体封顶仪式、“十四运”保障工作总结表彰大会等10余项重大活动及重要会议，团队在指挥部安排下主要负责仪式的方案、主持词、主要领导发言稿、汇报材料的编纂以及会场的布置工作。项目在建设及“十四运”期间陆续接待国家、省、市、区、社会团体共100余起大型接待工作。完成“十四运”期间安全、保证、卫生、防疫、设备维护等全方位保证工作，“十四运”期间实现了零安全事故、零直播事故、零疫情事故。

经项目各参建单位的共同努力，在省、市、区各级政府部门的大力支持下，顺利完成了场馆建设、赛事保障、安全保卫、封闭管理等各项工作任务，为全国人民奉献了一场精彩圆满的全运直播盛宴。全运会结束后，“十四运”组委会组织召开保障工作大会，对于“十四运”期间做出突出贡献的单位和个人进行表彰，并对项目代建单位、施工单位书面致函表示感谢。

四、信息化应用

信息是了解项目情况的重要手段，信息掌握程度很对正确决策统筹有着重要影响，公司在监理业务方面高度重视信息收集、传递、共享等方面，在长期工作中从最早的短信、QQ、微信进行各种信息的搜集，直至目前公司已全面推广使用的“总监宝”协同信息管理，不仅规范了监理日常检查、巡视、旁站、验收以及“三控两管一协调”的工作行为和工作标准，而且还为项目创建了永久化信息库，目前在公司所有监理项目全面推行使用，信息化软件的应用使公司在监理业务方面取得不俗成绩。

公司在拓展全过程工程咨询业务时，也积极拓展着BIM咨询工作，同时借助监理总监宝的成功应用，创新升级继续开发代建、全过程咨询业务开发项目指挥系统，全面发展信息化软件。

本项目由团队负责项目信息管理，公司委派2名资深资料员，分别为指挥部工程部、合同预算部、设计部、后勤行政部建立纸质档案柜，资料员隶属行政管理部作为项目指挥部初始信息源和最终的信息归口，主要负责日常的信息搜集、整编、发布、存储，以及各部门的信息共享和传阅，团队利用信息管理把指挥部各个部门紧密地联系在一起。本项目作为公司重要的全过程工程咨询项目，团队结合项目特殊情况利用总监宝的云存储功能，在建立纸质档案柜的同时，将项目所有工程信息及资料全部上传存储，成为项目永久信息。

项目监理单位在使用总监宝软件时，团队安排专人进行总监宝使用培训目前项目监理单位已正常利用软件进行项目日常监理工作，技术服务团队定期对监理单位软件使用情况进行检查，并提取相关数据信息，进一步提高了管理效率。

全过程工程咨询团队与代建单位成立的融合性组织模式下，在以陕旅建设公司总经理为项目总指挥的大力支持下，团队通过技术服务，在设计方案、设计管理、项目管理、信息管理、协调管理等方面发挥了重要作用，在保证“十四运”场馆建设节点任务的同时，累计节省投资约8000余万元，受到代建单位的高度认可，在项目合作的同时，各单位之间开展了深度合作，为长期发展打下了良好基础。

五、其他

在本项目管理2年多的实践中，全咨团队与代建单位组成融合性组织模式，并以代建单位的名义开展工作，虽然各类文件均不能体现公司的名称，但全咨团队始终坚持“结果不必有我，过程全力以赴”的工作心态，为代建单位处理各项事宜，真诚服务于代建单位，在融合性组织模式下两家相处融洽，共同学习进步，共同为推动项目建设不断努力。

根据与代建单位签订的合同，本项目在造价咨询方面，项目负责人只安排专人配合指挥部的合同预算日常工作，未过多介入招标投标工作。在BIM咨询方面，主要是借项目施工单位的BIM技术解决施工过程中的问题，未采用公司自身的BIM技术。公司通过使用协同服务软件“总监宝”功能，结合项目管理工作特点，通过将日常文件资料上传到“资料柜”，保证了项目信息收集的及时性与齐全性。

六、启示与建议

经过本项目全过程工程咨询实践，在融合性组织模式下团队与代建单位以统一整体全面参与项目全过程管理，团队用技术获得代建单位的认可，代建单位的统筹组织管理帮助团队迅速成长，双方互相学习进步，项目指挥部开创了良性的工作新模式。在代建单位的大力支持下，技术团队在方案决策、设计优化及设计管理、建设手续办理、项目管理、运营维护等方面以技术为核心，信息化为辅助手段，在项目全过程中以建设单位的名义精心管理，全面推动项目各项工作。

近年来，监理企业在不断改变转型，其中信息化的发展也为监理行业挽回了一定的颜面。随着目前监理市场的状况、建设单位越来越多的需求均不利于传统监理业务的发展，信息化的不断完善和全过程工程咨询业务的兴起，进一步为监理未来转型指明了方向。本人结合这几年参与项目管理的工作经验，对于监理企业开展监理业务，或转型代建业务及全过程工程咨询业务，有一些个人体会及建议，分享如下：

1. 开展监理业务期间

1）公司层面要高度借用现代化网络信息技术，引进或发展先进的信息化管理系统，尽快摆脱传统监理模式，以信息透明化、以数据图片说话，让建设单位真正看到我们所做的工作和服务，让施工单位无法反驳。

2）转变以“图、规范”监理的单一工作模式，转而就设计图纸、施工组织管理、进度管理方面，采用如BIM、广联达、Project、工法分析、专家建议等技术手段和措施，在保证质量安全的前提下，提出“快、省、好”的合理化建议。

3）在进行“三控两管一协调”的合约要求的监理工作外，还应尽力拓展投资决策咨询、建设手续办理、招标投标咨询、造价咨询、建设工程法务咨询、运营维护咨询、工程档案归档咨询以及工程创优咨询等一项或多项业务，便于开展监理业务时，作为附加服务以满足建设单位的需求，凸显自身优势。

2. 转型代建和全过程工程咨询业务期间

全过程工程咨询介入的最佳阶段是在项目投资决策阶段，最晚时段在施工图设计阶段，经本项目实践，在项目方案设计、初步设计、施工图设计方面，全咨团队能够为业主更好地提供方案决策、方案设计、施工图设计重要的优化建议，把控设计阶段的设计成果，以最优的设计成果为业主节省大量投资。在施工阶段，全咨团队作为项目“隐形的推手”，利用技术、管理、组织、协调等各项措施，协助业主完成重大节点任务。结合本项目的实践工作，关于监理企业转型代建和全过程工程咨询业务有以下几点感悟和建议：

1）作为公司管理层面，应根据团队的实际情况和全过程工程咨询业务的大小，成立前期策划部、规划设计部、工程技术部、合同预算部、信息管理部、外协业务部等部门，配备一定数量的人员，并对建设工程按照前期决策（含建设手续办理）、招标投标、设计、施工、竣工及运营各个阶段的具体工作内容、工作流程、责任部门和责任人进行详细梳理，编制公司级的全咨手册，以正确指导和监管具体全过程工程咨询项目。

2）委派的全咨项目经理须具备丰富的技术资源、组织管理经验、协调能力，可调动专家团队、知名设计技术专家等知识集库，采取有力措施解决项目各项问题。

3）结合建设单位的要求、合同约定，全咨团队应保证各个服务阶段均有胜任业务的专业人员，全咨团队至少应包括技术、项目管理、外协、设计、合同等方面的人员，以满足全咨工作需求。

4）在设计管理时，应结合设计技术，转向规划设计方向发展，便于协助建设单位更好地完成项目定位及后期运营策划。

5）在沟通协调方面，全咨团队不应局限于项目的五方责任主体，还应主动对接临近施工单位、施工过程中的政府主管部门，以及涉及项目建设和验收手续政府相关职能部门。因项目涉及的协调工作量巨大，需安排专人负责外协工作。

6）全咨团队作为建设单位的核心技术大脑，应提高站位，完全站在业主的角度，综合考虑投资、工期、合规等各项因素，主动为业主提供建设性意见，对日常工作中提出的方案应进行经济、工期、效能等因素的分析，最好提出多套合理化方案供业主选择。

7）全咨团队应积极主动开展工作，主动替业主承担需做的工作，例如：业主组织的重大活动的策划方案、业主对外发文的起草、替业主对接内部和外部单位等事务等，并应以积极热情的服务来获得业主的认可。

监理企业信息化建设整体解决方案

西安高新建设监理有限责任公司

摘　要：本文结合当前信息化发展趋势以及监理行业发展现状，通过分析监理企业在信息化建设过程中的核心问题及目标任务，提出信息化建设过程中关键功能的设计与实现方法，并以西安高新建设监理有限责任公司信息化建设的经验与成果为实施案例，为监理企业信息化建设的整体解决方案提供参考。

关键词：监理企业；信息化建设；系统设计；监理工作表单

引言

随着以物联网为代表的第三次信息化浪潮的到来，企业为适应新的外部环境变化，实现可持续的发展，应用信息化技术推动企业管理方式的变革已成必然。众多仍依靠传统粗放式经营管理的监理企业要实现转型升级和创新发展，将面临更多的压力和挑战。应用信息化技术带来的企业核心竞争力的提升以及管理成效的显现让更多的监理企业得到实惠。所以，监理企业开展信息化建设就成为当前建筑行业比较关注的话题，而如何有效和系统性地开展监理企业信息化建设也是整个行业思考的核心问题。

一、监理企业信息化需求及核心任务分析

（一）监理企业信息化的必要性及需解决的核心问题

1. 管理成效提升的需求

随着监理企业规模的扩大，业务范围的增加，项目日趋分散、组织机构越发复杂，企业内部管理的难度与成本直线上升。而企业综合管理系统、协同办公、财务软件、远程视频会议等信息化软件的应用大大提升了沟通的效率，提高了管理的成效，有效降低了管理成本。

2. 监理业务能力提升的需求

监理企业在做好做优传统建设监理业务以外，在全过程工程咨询、BIM 技术等领域多有涉及，这些业务的开展需要现代信息技术的支持。另一方面，由于市场竞争的日益激烈，为适应业主和市场的需求，提供更加优质的服务，提升企业自身核心竞争力，监理企业开展信息化建设是必然条件。

3. 数据管理等其他需求

监理企业作为建设领域各类规范、标准的监督执行者，需要具备丰富的知识储备，一般监理企业也都拥有自己的图书馆和知识库。传统的纸质图书、文献以及各类规范由于存储、时效性等问题，局限性日益凸显，而通过信息化手段，利用智能检索、电子图书、云存储等电子数据和存储平台可以解决更多实际问题，同时可解决监理企业及从业人员资质证书、线上培训等管理需求。

（二）聚焦解决核心问题的信息化目标任务

1. 系统架构与功能的设计选择

企业信息化建设框架搭建很重要，其设计必须进行充分调研，明确哪些管理模块需要信息化，如人事管理模块涉及的薪酬管理、招聘管理、考勤管理等菜单是否添加其中。信息化的管理层级如何划分，是垂直的管理结构还是矩阵式的管理结构？分为三个管理层级还是更多？这些问题又关系到系统权限分配如何确定。所以结合企业自身实际情况，量体裁衣、因地制宜，确定系统架构是

信息化建设的前提。

2. 系统流程设计与核心业务的匹配

信息化系统中信息的传递和决策都离不开各种流程的应用，在系统流程设计中若层级不清、环节不明、权限分配不合理均会对后期使用造成较大影响，直接结果就是流程反复修改、业务办理无法正常审批、频繁出错等，所以就需要在设计初期即对企业自身管理制度中的审批流进行梳理，明确各个环节对应的处理人或岗位，且考虑流程的通用性。

核心业务是一个企业存在和发展的支柱，而企业建设信息化系统的最终目的也是为核心业务服务。例如，有的监理企业是以项目管理为核心业务的，那么信息化系统就应该与之匹配，更多地围绕项目管理来设计和搭建系统。有的监理企业以工程现场质量、安全管控服务为重点，那么企业的信息化系统就应该更多地倾向于现场控制。只有信息化系统与核心业务相匹配才能更好地发挥企业信息化系统的作用，服务于企业发展。

3. 系统性价比与应用推广的有效性

监理企业进行信息化建设还应考虑投入与产出的平衡问题。信息化建设是一项系统性和持久性工程，有的企业动辄百万进行投入，也有企业仅投入几万即可满足需求，所以这就需要监理企业根据其发展阶段、规模、业务范围等做必要评估，找出投入与产出的平衡点，为企业带来最大的管理效益。

完成信息化系统建设后需要充分发挥其各项功能作用，提升管理成效，实现技术应用成果转化，这些都离不开企业的大力推广和持续管理。良好应用是信息化建设成功与否的关键，企业决策层对信息化建设的重视度不够、管理力度不够、推广措施不到位等均可能导致前功尽弃。

二、信息化系统关键功能的设计与实现

（一）信息化系统关键功能设计

1. 系统功能设计规划

企业信息化建设，其核心前提在于整体的设计规划，需合理运用现代企业管理理念、项目管理思想和信息技术，建设覆盖重点项目业务机构，上联公司总部、外联互联网，安全可靠并满足业务需求的信息化平台。因此，系统功能设计应围绕企业经营管理和项目（生产）管控两个层面，推进市场经营、项目管控、资源管理、客户服务、知识管理的数字化、网络化、集成化，通过建立支撑企业内外核心价值链运转的信息有序共享、快速高效的管控体系，实现信息处理数字化、信息组织集成化、信息传递网络化、业务管理流程化。

2. 系统关键功能

根据高新监理的发展战略，结合企业现状进行合理的信息化规划设计，分阶段开发投用，具体规划和关键功能设计如下：

一期规划建设的关键功能为系统功能与业务体系的匹配，其重点在于使系统真正实现自动化、标准化并贴合公司的管理实际和应用需求，实现项目管理、现场监理机构与市场、经营、财务部门的业务联动，保证企业管理方式和模式平稳过渡。

二期规划建设的关键功能在于核心业务信息化价值的发挥，其重点是实现现场管理规范化、流程化、清单化、标准化，使监理服务管理数字化，同时搭建管理门户，为决策管理提供数据支撑。

三期规划建设的关键功能主要包括其他业务管理的拓展、BIM 技术集成应用、大数据分析、AI 应用、物联网和智能设备集成应用等，围绕推动企业走向智慧管理和智慧监理，全面实现数字化管理和大数据应用。

系统整体采用开放式的四层体系结构，由系统的基本构架（基础设施层）、系统的信息资源（信息资源层）、系统的主体（应用层）、系统的门户（表示层）四部分组成，形成完整的全生命周期管理流程。帮助企业合理规划关键数据，建立内部信息集成架构，更加利于关键数据有序关联，减少数据冗余，有效降低企业用户获取数据的成本。

（二）信息化系统功能实现的关键技术

1. 开发平台的开放性需求

信息系统必须具备高扩展性、可重用性和灵活性，因此信息系统技术平台选型采用 SOA 思想（面向服务的体系结构），在 NET 平台和 Bootstrap 上构建基础开发平台。SOA 具有基于标准、松散耦合、共享服务、可以联合控制等多个优点，在技术上对业务流程自动化和长期运行的异步事务提供了支持，适应业务流程再造对系统提出的需求，符合软件的发展趋势。信息系统遵循软件工程规范，采用开放性设计、开放的软硬件平台、开放的大型数据库和开放的编程语言以及开放的整体构架，支持对多种异构平台的调度，支持多种数据库系统，从而使系统易于扩展，与其他管理信息系统可实现无缝连接。

2. 合理选择技术架构

采用基于HTML、CSS、JS的 Bootstrap 架构，具有完整的 CSS 样式插件、丰富的预定义样式表、基于 jQuery 的插件集、灵活的栅格系统，用于开发响应式布局、

移动设备优先的WEB项目，兼容目前所有主流浏览器，极速提升各功能模块加载速度。

系统架构上采用Browser/Server三层体系结构，分别为表示层（presentation）、功能层（business logic）、数据层（data service）三个相对独立的单元。

3. 系统技术的通用性

系统把软件的通用化作为主要目标。在软件开发过程中引入通用化设计理念，着重解决用户需求不断变化与软件功能局限之间的矛盾。采用动态可定制的数据库结构以及通用的业务模型，在无须修改任何代码的情况下，轻松实现软件系统的数据库结构、数据库表的自由定制。

4. 系统技术的高集成

基于SOA搭建的企业综合业务管理平台，实现OA、ERP、HR、财务软件、国家金税系统等的紧密集成。通过SSO单点登录可实现组织同步、身份管理和权限管理，通过数据交互接口，实现各专业系统间数据、流程互通。同时充分考虑到工程管理需要和企业业务拓展，灵活集成BIM应用、物联网应用、视频监控应用、智慧工地、指挥大屏等，为企业打造智能一体化管理平台。在移动应用方面支持APP、企业微信、钉钉等使用较为广泛的移动应用集成，使信息化系统在稳定性、兼容性、安全性等方面具备较大优势。

三、信息化系统建设及应用成效

（一）企业内部管理平台

高新监理信息化平台依据企业各管理职能进行设计和划分，将内部管理工作划分为OA办公、经营管理、工程管理、人事管理、行政管理、文档管理及系统管理等版块，包含一级菜单47个，二级菜单205个，常用业务流程70余条，预警项31条，同时还接入了手机APP和线上培训系统两项扩展功能。

工程管理版块中记录了企业所有项目的状态，并形成从项目立项、机构组建、施工过程管理、竣工验收、资料移交、项目关闭的整个过程闭环。人事管理版块建立员工电子档案库，涵盖了入职管理、劳动合同管理、员工证书管理等功能。系统管理版块则包含组织机构、流程、预警、维护、监控和项目配置的功能，满足系统的日常维护需要。整体来说，各个版块的有机融合实现了对企业各职能机构日常业务的系统管理，日常工作交流和流程的审批同时得以有效开展。

（二）公司级工程管理管控平台

该管控平台主要功能是帮助各级管理者及时、便捷地掌握项目实时动态和现场监理工作情况，并能查询历史和当前项目监理工作履职信息与数据。

1. 工程监理

根据企业的管理经验和管理需要，将所有在监项目主要管理信息汇总形成项目管理大台账，让企业管理者足不出户，及时了解和掌握所有项目的基本信息。

2. 项目机构管理

主要设置了总监工程质量承诺书签订和关键岗位人员信息两个版块，结合国家相关政策文件精神和相关要求进行设计开发，加强了工程质量承诺书和关键岗位人员信息会签流程管理、变更信息台账管理，以适应新形势下对监理工作的新要求。

3. 项目工作检查

包括三类不同层次监理工作质量的检查，公司级检查、下属单位内部检查和行政主管部门检查。前两类检查是由公司和下属单位分别组织的月度专项检查和季度内审检查。每次检查后，将检查计划、检查总结以及受检项目部的质量控制、安全生产履职、造价控制、资料管理及其他监理服务方面的状态汇总情况上传至系统。而行政主管部门检查则是由项目监理部发起上传，记录政府部门对项目和监理工作的检查情况。

4. 风险管理

主要针对危险性较大的分部分项工程的管理。项目实施过程中，项目监理部需提前识别涉及的危大工程类别和类型，并根据工程进度计划预设监理管理节点和时点，便于项目部开展工作，并且有利于上级部门安排相应的技术支持与指导。

（三）项目级监理服务门户平台

考虑到项目门户平台与工程管理管控平台的差异，需实时反映现场各专业监理履职工作情况，因此，将构架设计和监理履职工作表单的设计作为本平台的两个重点应用方向。

单个项目根据其具体情况，将工作界面划分为三个层级，即项目部级、标段级和单位工程级（图1）。

每一层级下均将监理服务重点工作进行表单化设置，实现对一线员工监理工作的指引，从源头提高监理服务的工作质量。表单设置体现监理重点工作环节的履职状态，最大限度地保证工程实体质量水平及安全效果。表单化的履职工作，在信息化平台永久存储，可实现历史追溯。表单设计为定性、定量相结合的记录形式，要求监理人员真实、准确地记载监理履职状况；通过以上设计，既可以在线核查履职有效性，也可以将现场实际数据与记录信息进行对比，从

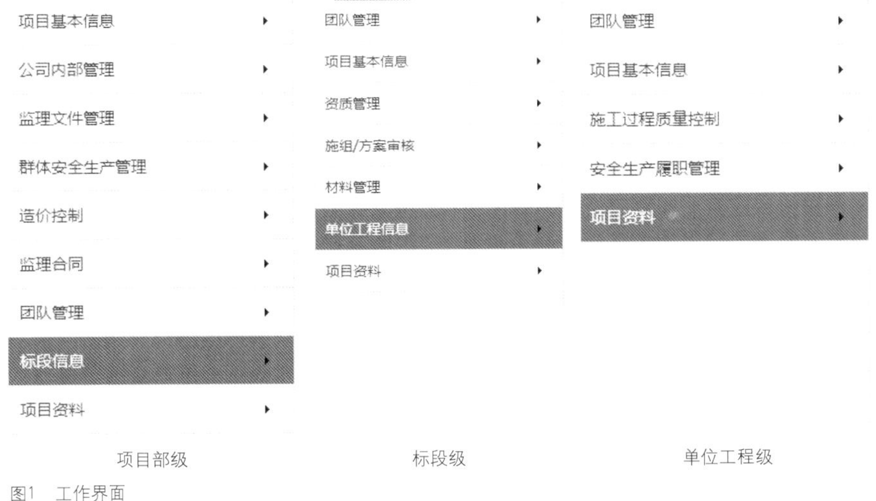

图1　工作界面

而验证记录的真实性。

目前公司自主开发并经过持续优化的监理工作表单共270余种，在百余个项目上全面推行。因本系统强大的支持和指引功能，对快速提高一线员工业务技能，规范化、标准化开展监理工作发挥着重要作用，得到了参建各方的广泛认同。公司于2019年又对系统进行了升级，使现场监理服务工作进一步精细化，保证了质量安全监理措施的落实，促进了安全隐患的及早发现与消除。

四、信息化系统建设的可持续性思考

（一）信息化系统可持续升级的发展战略

信息化建设应始终服务企业的发展战略，其部署与实施对提升企业标准化进程，助推服务水平提升及高效敏捷管理大有裨益。但还要清晰认识到信息化建设不是一蹴而就和一劳永逸的，需要根据企业外部环境变化、战略的转型发展适时升级信息化系统，以达成与企业发展的匹配和契合，真正发挥其对企业发展的可持续性支撑作用。

可持续升级的企业信息化战略的任务目标是构建支持持续升级的信息系统，建立面向可持续升级能力的综合评价指标体系，包括系统本身的运行质量指标体系、信息化系统功能性指标体系、信息化系统升级能力指标体系。

其中系统本身的运行质量指标体系主要从系统本身运行效率、业务覆盖面、运行的智能程度、信息统计实现度、操作维护便捷性等方面进行指标分解，评价系统质量。

信息化系统功能性指标体系主要从企业战略发展适宜度、信息资源管理效率、业务流程优化、企业组织管理变化、企业绩效提升度等方面进行指标分解，评价系统功能适用性。

信息化系统升级能力指标体系主要从信息化人才培养，系统与业务市场需求的匹配性，信息化升级支持状况等方面进行指标分解，评价系统持续升级能力。

（二）信息化建设可持续升级的核心功能

企业信息化建设过程中将涉及相关人员培训、硬件投入、软件开发等多个技术领域，投资大、实施周期长、节奏密集。因此，在建设初期，需充分调研和精准定位信息化系统的核心功能，否则一旦出现与建设目标大的偏差势必导致难以估量的经济损失和消极影响。

首先，项目监理业务需充分考虑各方协同的工作机制，让参建各方能够有机地形成统一，共同为建设目标而服务。信息化的协同交互功能，将是解决各方信息沟通不畅的有效途径，因此该项功能的可持续升级与发展必然是重点考虑之一。

其次，在施工阶段上下游的咨询服务方面，如何有效地将工程建设各阶段的咨询服务与初期建设的信息化系统有效融合，缓解传统管理方式方法的改变而带来的冲击，需要在信息化建设初期充分考虑。

再者，在企业内部管理要求与国家政策、文件、规定之间的匹配性，以及电子文件的认可度及合规性问题上，需要企业合理掌握其中的平衡。

综上，实施信息化建设是一项高风险的研发活动，需要在建设初期合理规划其具有持续性的核心功能，使信息化投资效益最大化，有效支持企业核心业务的顺利开展。

五、推进信息化系统建设的资源保障

技术保障是企业信息化建设的基础。通过寻求外部资源，比如选择合适的IT企业进行合作，获得技术上的支持和帮助，同时培育企业自身技术能力，向自主开发设计转化，是一条可行路径。

信息化建设的具体实施离不开人这一重要因素。一方面需要有对信息化技术较为熟悉的专业人员来统筹建设和维护工作，另一方面更需要信息化系统应用与实施的人才队伍。所以，企业必须加强信息化人才队伍的建设，制定吸引、稳定人才的配套政策，建立多层次、多渠道、重实效的人才培养、考核、评估制度体系。

企业信息化建设是一项长期的系统性工程，需要持续的投入。所以，企业应当在每年的预算中规划出一定数额的资金，专款专用，以满足信息化建设所需。

企业环境的保障同样必不可少。信息化建设是“一把手工程”，必须得到企业最高决策者的绝对支持和高度重视，这样才有利于后续的推行和实施。同时，需制定一套切实可行的信息化管理制度，明确各管理层级的职责，建立合理的考核激励办法，使信息化建设工作有章可循、有规可依。要重视在企业内部营造开放的心态和勇于创新的文化，使员工乐于接受新事物和企业的管理变革，让信息化成为企业文化的重要组成部分。

六、发展与展望

5G时代将至，我们将进入深度信息化时代。信息化建设是工程咨询企业转型升级和持续发展的重要保障，因此，我们要把信息化建设提高到战略的层面来认识，从战略高度推进企业信息化。通过标准化的管理体系建立信息化系统架构，不断探索系统与企业、项目管理工作之间的契合点，让信息化系统充分服务于发展。

未来，智能化将是工程监理企业信息化发展进阶的必经之路。企业需充分发挥信息化建设的既有成果，推动和实现全面数字化管理，并根据不同阶段逐步延展应用范围和集成新技术在工程项目管理上应用，持续推动企业管理和服务创新，为客户提供更为卓越的工程咨询技术服务。

参考文献

[1] 赖跃强，杨君，徐蕾，杨娟．工程建设监理企业信息化管理系统设计与应用[J]．长江科学院院报，2016，33(6)：140-144．

[2] 刘培兰．浅谈监理企业的信息化管理[J]．城市建设理论研究：电子版，2013(20)：1-2．

[3] 邱佳，黄煜楷，尹虎．监理企业信息化系统建设及未来发展思路探索[J]．建设监理，2019(11)：25-29，71．

浅谈信息化管理在工程监理中的应用

广西鼎策工程顾问有限责任公司

摘　要：近年来，信息技术已日渐广泛地应用于我国建筑行业中，大大提升了建筑行业的管理水平和产出效益，已成为新时代建筑行业最耀眼的一场技术变革。本文基于笔者多年来从事工程项目监理的经验，介绍了信息化管理在工程监理中的具体应用和实践经验，探讨了如何运用信息化手段提高监理团队的管理和决策效率，从而更好地服务于工程监理工作。

关键词：工程监理；信息化；数据分析；监理管理效率；评估体系；企业管理系统

一、信息化管理应用于工程监理是行业发展的要求

传统的工程项目监理管理模式较为分散，对施工进度、质量、安全文明施工的管理主要依赖于“纸笔记录”“奔走呼号”式的分散式管理方法，由此获得的信息和数据形成了一个个“信息孤岛”，无法实现大数据汇总、分析、汇报，不利于快速指导施工现场的纠偏和管理。后期纸质资料保存的难度较大，容易导致项目管理资料遗失。

近些年来，得益于计算机和网络技术的飞速发展，我国建筑行业的管理方式发生了翻天覆地的变化，信息化管理全面进入工程监理领域。如何充分利用信息化带来的便利，来提高工程监理的管理效率，成为工程监理企业发展的一个重大课题。工程监理信息化，实质上是通过计算机技术、网络云技术、数据分析等科学方法的充分应用，将建筑工程的管理行为转化为信息进行收集、存储，并由项目监理部进行分析，以便及时准确地做出决策。

二、信息化管理在工程监理中的应用实践

本文以绿地新里・璞悦公馆项目（房地产项目）为例，来展示监理企业和项目监理部如何将信息化技术应用于进度、质量、安全文明施工和监理日常资料的管理，从而提高监理工作的效率。

（一）工程进度信息化管理

随着中国经济的发展，国内房地产开发项目的监理市场不断扩大，竞争也日趋激烈，监理企业只有提供更优质、更全面的服务，才能提高核心竞争力，始终把握竞争中的主动权。

传统的工程项目监理对工程进度的管理，仅限于对施工单位提交的进度计划进行审核，并依照审批后的施工计划对实际施工进度进行核对，对施工进度的偏差进行纠偏，从而实现对工程进度的管理。这样的进度管理方式相对被动，监理人员在纸质文件审核施工进度偏差的效率比较低，无法快速地对进度计划进行修改和纠偏。在效率要求越来越高的今天，传统的工程监理模式显然已无法适应，采用信息化管理是工程进度管理适应新时代要求的必由之路。

房地产项目的特点是甲方供材、供货商多，平行分包单位多，各施工单位提交的施工计划散乱无章，进度分析和管理难度非常大。监理单位必须将散乱的甲方供材计划和各施工单位的进度计划整合、编制、分析、预警和纠偏，最终实现对工程进度的管理。

1. 运用项目管理软件和数据汇总软件实施跟踪管理

根据建设单位对进度节点的要求，项目监理部可以通过 Project 2013 和 Excel 软件对所有施工单位进度计划进行整合、编制、分析、预警和纠偏。依照进度计划可以实现甲方供材的资金准备和物资采购的统筹安排。项目监理部定期对实际的施工进度进行数据汇总、更新，当进度滞后时及时调整关键工序的施工安排，从而实现项目进度的控制和管理。

2. 工程进度日报信息化

工程进度日报信息化也是项目监理部的一大改革，与传统的监理日记对施工进度的记录相比，工程进度专项日报附有一定数量的施工进度照片与进度文字相对应的描述，并在日报中明确各项工作滞后的天数、投入劳动力情况和采取的纠偏措施，这一做法得到了建设单位的好评。

（二）构建施工过程管理综合评估体系

传统的工程项目监理对工程质量和安全文明施工的管理效果，仅限于概括性的表述，如优秀、合格、不合格和存在问题的描述等，相关的质量和安全文明施工信息则记录于监理日记、旁站记录、监理通知单等文件中，形成了一个个“信息孤岛”，不仅难于保存和快速查阅、可追溯性较差，而且在工作汇报时过于空洞，无法用数据量化整体管理的效果。这样低效率的记录方法已经无法满足快速发展的建筑市场对工程监理业务的要求。

为了提高工作效率、增强企业竞争力，监理企业必须对传统的监理业务进行改革。项目监理部如何将工程实体检测、数据收集、分析评估和汇报等日常工作内容，更全面、更细致、更高效地呈现出来，就成了一个研究课题。

将施工过程的质量和安全文明施工管理效果信息化，首先要建立一个施工过程管理综合评估体系，对“实测实量”（占 50%）、“质量风险”（占 30%）、“安全文明”（占 20%）分别进行评分，按照分项的得分统计出综合得分，从而可以全面地评估各个施工阶段的管理情况。

1. 工程质量的信息化管理

在整个评估体系中，工程质量评估由结构工程的“实测实量”和施工过程的“质量风险”两大部分组成，项目监理部的质量信息化管理主要通过这两项的评估来实现。

“实测实量”评估体系涉及的范围从主体结构工程到精装工程，几乎覆盖了建筑工程项目施工的全过程。项目监理部根据项目施工阶段的进度特点，依照制定的质量标准进行实测实量，测量项目数据在评判标准范围内视为合格、超出范围则视为不合格，所有测量点合格率为该项目得分。本文以混凝土结构工程的实测实量作为示例来说明实测实量的评分过程。

首先需要明确混凝土结构工程的实测实量“检查内容”“评判标准”“检测点数”等内容，相关的检查内容和评判标准以规范为依据，并结合建设单位的企业要求来制定。

项目监理部通过对每一层楼的混凝土结构工程进行实测实量，得到各项检测内容的合格率作为评分，可得知现阶段主体结构工程的质量状况。监理部的工作重点就是针对得分较低的项目进行分析、纠偏、加强管理。使用 Excel 软件对实测实量数据进行汇总、综合评分、导出质量评估分析图，可以实现实测实量数据的存储、上传和汇报，也使得项目监理部的管理效果展示更为具体化、形象化。从实测实量项目质量曲线可清晰看出，该工程质量在前期存在较大的波动，通过针对性的管理，工程质量逐步上升，后期的工程质量合格率较高，趋于稳定，由此可见利用工程质量信息化来指导现场管理工作的措施是可行的。

其次，“质量风险”评估体系主要依照“质量风险检查表”的各项检查项目及评分原则对施工过程中存在的质量问题进行评估和评分，从而实现将工程的质量问题数据化、信息化。监理企业可以通过项目综合的评分了解整个项目管理的效果，项目监理部也可以通过“质量风险检查表”中各项目的得分值了解项目管理的不足之处，后期可以有针对性地督促施工单位加强管理。

监理企业、项目总监在制定“质量风险检查表”的各项检查内容时，原则上要考虑相关规范、建设单位的关注重点、上级主管部门检查的重点等综合因素来制定各检查项目的检查标准、权重、分值、扣分原则等条款。

项目监理部推行表格化管理模式，依照“质量风险检查表”的内容安排日常的监理工作有很强的指导性，可防止管理人员主观上的工作疏忽和漏项，通过加强管理来降低质量风险，从而提高质量管理工作的效率。项目监理部可针对得分较低的评估项目及时调整管控重点，督促施工单位改善施工工艺解决质量问题、降低质量风险，最终实现工程无重大质量事故、减少质量通病的质量管理目标。

这一监理工作的创新源自实践的需求，而后又为实践所充分检验，证实是十分有效的，赢得了建设单位的广泛赞誉。

2. 工程安全文明施工信息化管理

传统的项目监理部对安全文明施工的管理，一般依据规范、文件和上级主管部门推行的安全文明施工标准进行。由于检查人员对规范、标准的理解和判别尺度不同，导致不同的检查人员检查同一个项目对安全文明施工的评价结果均不同，这使得监理企业对监理项目管理效果的横向评比难以实现相对公平。

为了减少检查人员主观上对安全文明施工检查标准和判别尺度的差异，使检查项目评比结果相对公平，公司在施工过程管理综合评估体系中加入了安全文明施工的评估内容。在推行的检查表格中，统一了安全文明施工的检查标准、内容、分值、扣分原则，将安全文明总体框架分为“安全生产”和“文明施工”两大部分，分别对检查内容和评分标准进行了详细规定。

推行统一的检查表格，还可以杜绝项目监理部日常巡检工作的主观漏项，提高巡检效率和安全文明施工管理效率。项目监理部定期依照公司推行的“安全生产检查评分表”和“文明施工检查评分表”进行巡检、评分，将安全文明施工管理工作信息化，可以将日常管理痕迹和履职证明很好保存下来，在后期制作工作汇报和迎接上级主管部门检查时能够快速地提供相关数据和履职痕迹。除此之外，对于新进项目的监理人员，采用这样的表格也可以快速地进行技术交底和培训，令其能更快地适应项目监理部的管理工作，从而提高整体的工作效率。

（三）监理日常资料信息化管理

传统的工程监理项目资料管理局限于监理人员手写记录监理日记、旁站记录等工作记录文件，后期纸质资料保存的难度较大，导致项目管理资料容易遗失，不利于项目监理部管理痕迹的查阅、保存和追溯。由此可见，构建信息化、云管理的监理资料管理模式，是适应信息时代工程监理工作的新要求。

1. 监理资料实行信息化、云管理

项目监理部实行信息化管理，将监理日记、旁站记录、监理通知单、工作联系函、会议纪要、项目周检等日常管理资料使用电脑编制和保存，同时还要上传到公司云数据库备份。这样不仅可以稳妥备份管理资料，更方便企业对项目工作的实时监控，随时可以调阅项目监理部的相关资料，提高企业管理效率。

2. 统一格式的水印照片与监理日志等资料协同并用

公司在推行监理日志、旁站记录等资料信息化的同时，还要求在监理日记、旁站记录以及工地例会纪要中加入统一格式的水印照片，以图文并茂的形式形象地记录项目监理部的管理痕迹和重大事件。以公司监理日志标准格式为例，除了传统的文字表述以外，还配上了统一格式水印的现场照片，使整个日志更直观、更清晰地记录了当天的监理工作，不仅使得监理日志的功能更加强化，而且使其档案属性也得到了更进一步地深化和完善。

监理日常资料信息化、云管理，使得企业管理部门能通过网络就能完成资料的查阅，今年的新冠肺炎疫情不仅改变了企业的传统管理模式，也体现了依托网络的智能化、信息化是工程监理企业管理未来发展的方向。

总结

信息化的浪潮从来没有像今天这样席卷全球各个行业，人工智能、工业互联网、5G 移动通信、大数据、云计算，这些新兴的信息化技术都将会深深地影响甚至改变我们的生产和生活，工程监理领域也不例外。本文所述只是笔者结合自身工作探索出来的一些拙见，如何将当下以及未来的信息化技术充分地与工程监理工作更紧密地结合起来，使其在工程监理工作中发挥更大的作用、更好地为提升工程监理工作的效率服务，仍然有赖于各位同行共同去探索。

参考文献

[1] 建设工程监理规范：GB 50319—2013[S]. 北京：中国建筑工业出版社，2014.

[2] 建筑施工安全检查标准：JGJ 59—2011[S]. 北京：中国建筑工业出版社，2012.

[3] 混凝土结构工程施工质量验收规范：GB 50204—2015[S]. 北京：中国建筑工业出版社，2015.

[4] 郑君喜. 新形势下推进建筑工程管理信息化的重要性探究[J]. 居舍，2019(29)：126.

[5] 陈怡潇. 信息化在建筑工程管理中的应用探究[J]. 安徽建筑，2019，26(9)：271–272.

[6] 陈汉标. 分析信息化在建筑工程管理中的应用[J]. 四川水泥，2019(8)：206.

全过程咨询中“X”服务的N种创新实践与启发——宁波高专建设监理有限公司在全过程工程咨询中的创新与实践

宁波高专建设监理有限公司

摘　要：作为2003年就开始开展全过程项目管理服务的住房和城乡建设部全过程工程咨询试点企业，简要介绍了公司层面的转型与创新要点，着重结合项目层面的实战案例，介绍了多种形式的全过程工程咨询的创新与实践：①以设计师为主导的EPC总承包提供管理咨询；②与知名开发商合作提供兼有投资决策和全过程咨询的创新咨询服务；③为长期的高端业主提供“项目群”与“片区群”全过程咨询服务；④面向EPC模式下的全过程造价创新管理；⑤全过程咨询中的投资包干奖罚管理创新等，以期为各地同行拓展全过程咨询有一定的启迪。

一、全过程咨询服务开展概况

宁波高专建设监理有限公司（简称宁波高专）创建于1993年，原隶属于宁波工程学院，自2003年起签订首个项目管理合同，提供项目管理、工程监理、造价咨询等服务，2008年起组建专职团队提供项目管理服务，2013年迎来了项目管理服务的快速发展阶段，2017年至今融合与完善项目管理与其他专业服务体系，形成了相对成熟的全过程咨询服务体系，全过程咨询服务合同达到公司营业收入的60%。

至今，公司已经先后承接全过程工程咨询合同150余项，拥有专职项目管理团队100余人，从单一的施工阶段监理，向涵盖建设管理、投资咨询、设计管理、招标代理、造价咨询、BIM咨询等在内的全过程工程咨询服务拓展，在银行办公、商业住宅、保障房、文教体卫等多种项目类型积累了较为丰富的全过程咨询服务经验，走在了监理企业制度创新的前列，并于2017年成为首批全过程工程咨询试点企业。

二、公司管理创新

（一）组织机构变革，组建双核心组织架构

全过程工程咨询有着丰富的内涵和外延，全面实现全过程工程咨询服务需要企业具备多元化的服务体系，宁波高专通过企业内部资源整合及对外合作的方式进行企业架构改革，实现以建设管理事业部与监理事业部为双核心，以相关配套专业咨询事业部为辅助，如造价咨询、BIM咨询、装修管理等专业事业部，各专项服务事业部与核心事业部建立起界面清晰、权责明确、优势互补的多元企业架构，激发企业发展活力。

公司鼓励提供专业咨询服务的小组织与公司建立新型组织关系，明确这些组织与公司之间的利益分配、内部交易机制，以子公司、分公司、事业部、工作室等多种形式整合企业资源，实现各专业咨询组织的良性发展，促进公司整体竞争力的提升。

（二）拓展工程咨询服务范围，创新工程咨询服务模式

公司在现阶段成熟的项目管理服务内容基础上，积极努力提供工程建设全过程、多领域的综合性咨询服务。为此，公司不断寻求与设计、甲方等外部单位进行合作，整合相关服务的上下游产业链，既能够向委托单位提供全过程工程咨询服务，也可以将综合服务进行拆分，

提供模块化的专业咨询服务。

过去5年，公司不断拓展服务对象，实现向设计单位提供项目级的设计管理、工程总承包管理等专业咨询服务，为政府部门提供专业的质量、安全、信息化等咨询服务，向产业园区等提供综合管理规划、策划等项目管理服务，或成为长期雇主的专业建设咨询顾问。

公司已形成以项目管理与监理服务为核心，以各专项咨询服务为补充，聚焦建设单位多元化弹性需求，提供全过程工程咨询、项目管理与监理一体化、项目管理、工程监理与BIM咨询、设计咨询、投资咨询、造价咨询等灵活组合的服务模式，不断探索全过程咨询的多种服务模式。

（三）开设“高专大讲堂”，培养全过程咨询人才

为创建员工培训工作长效机制，公司成立了“高专大讲堂”，助力公司内部全过程咨询骨干员工的培养。公司内部选拔培养机制对于咨询企业尤为重要，内部工作稳定且表现良好的员工对企业文化已经有了较深的认同，通过培训等方式可以快速提升企业服务质量。

公司在现有优秀员工中遴选适宜人员组建讲师队伍，提高培训工作系统性、针对性、连续性，配合全面向全过程工程咨询转型的趋势，开设“项目管理专班”，对项目管理工作的主要工作内容、工作方法、工作程序进行系统性的培训，编制具有针对性且可反复使用的培训课件，协助公司顺利完成员工所需的知识储备。

（四）将BIM/VR等信息技术与全过程咨询服务相融合

公司自2015年起，持续支持并组织人员从事BIM技术、装配式建筑、信息技术、绿色建筑等新兴技术的研究，努力实现新兴技术领域的专业化服务突破。在成立BIM技术研究与应用中心的基础上，持续加大BIM技术的投入，大力发展BIM技术及应用，实现基于BIM技术的施工图审查、设计深化、施工模拟、PC深化设计、VR装修方案审核等专项服务，内部已经广泛普及常见的BIM软件基础操作，基本实现了BIM技术与全过程咨询服务的整合。

自2010年起公司自主研发了项目管理信息系统，现已成为涵盖全过程咨询所有岗位及大部分工作内容的信息管理平台，除全过程咨询工作内容模块进行完善外，也初步实现BIM技术与信息管理平台的整合，为参建各方提供项目级信息管理平台，实现工程项目的全建设周期信息管理。

（五）以党建助力企业文化，引领企业更快、更好发展

公司经过长期发展，形成了特色鲜明的企业文化——“正勤严专，诚和新高”，与上级党组织提倡的“工匠精神”不谋而合，更加坚定了高专立足本职工作、精益求精等自我要求，以立足眼前，着眼长远，树立党建引领的指导思想，牢牢把握以党建为中心、以群团为两翼、以服务为支撑的基本理念，充分发挥党建的引领作用，积极推动创建红色工地，统一团队思想，加强团队协作，融入全过程，贯穿各方面，高举旗帜坚定不移全面贯彻持续推进监理企业向全过程咨询企业的创新与转变。

三、项目服务创新

公司在实际开展全过程咨询服务的过程中，也逐渐发现建筑市场中的需求是丰富多样的，不同的委托方有着不同的需求，我们在服务对象、服务内容、服务形式上都进行了广泛的创新与尝试。

（一）设计方主导的EPC模式下工程总承包管理服务创新

杭州智慧网谷小镇客厅作为重点工程，是承接国家大运河文化带建设发展战略的核心节点。本项目采用设计牵头的EPC工程总承包管理模式，由中国美院与本公司共同组成联合体承担工程总承包工作，公司主要负责工程总承包管理工作，工作主要内容包括：组织和落实前期报批报建及项目专项检测验收的相关报建工作、招标采购管理、合同管理、施工管理、投资造价管理、信息与档案管理、验收与保修阶段管理、BIM技术应用、结算审计及现场沟通协调管理工作等。

本项目作为以设计为主导的EPC工程，是我公司在全过程咨询服务中的一种创新和实践尝试。在项目设计阶段，我公司充分做好设计、施工、采购、造价控制的统筹工作，预先做好施工组织设计规划，利用BIM技术，进行施工图审核、方案比选、工程量统计等工作，真正做到设计、采购、施工的前置融合。在施工及竣工交付阶段，公司利用自身优势，全面负责对项目进度、项目造价、工程质量进行管控和协调，充分履行EPC工程总承包管理者职责，保障了项目的如期交付和运营。

公司在本次服务创新尝试中，实现了服务对象、服务内容、服务角色的转变，为设计方提供了工程总承包管理服务，同时最大程度上实现了建筑艺术的落地性和可实施性，是公司一次具有创造性且大胆的尝试。这种尝试的意义在于，设计方在主导EPC工程时普遍性缺少工程前期、造价、施工现场管理的经验和能力，公司恰好可以在此方面补充并加强

设计方的能力，具有一定的可推广意义。

（二）与知名开发商合作提供全过程工程咨询服务创新

慈城新城 CC09 地块开发项目位于宁波市江北区慈城新城，是政府投资的住宅与商业综合体项目，项目总投资 9.1 亿元，总建筑面积 8.5 万 m^2。本项目完全按照市场化运作模式，由凯德置地与本公司共同组成联合体承担本项目的全过程咨询工作。本项目全过程咨询服务由投资决策综合性咨询和工程建设全过程咨询两部分内容组成。投资决策综合性咨询内容包括：前期投资策划、产品定位、概念方案设计、营销管理、运营管理、品牌使用等；工程建设全过程咨询内容包括：项目管理、设计管理、招标代理、造价咨询、监理、BIM 技术运用、合约管理、投资控制等。

全过程咨询团队结合项目整体情况及项目周边市场环境，以政府投资操作程序为基础，从概念方案设计到交付后运维，为委托方提供总体开发控制性计划，并为建设单位提供项目总投资测算、盈亏分析。根据市场情况进行营销策划、推广、销售。公司依据项目定位，按照开发计划节点要求，编制项目管理方案，组建项目团队，经过一年的努力，已实现咨询中标后 4 个月开工，10 个月正式预售的阶段性进度目标，项目采用的模拟工程量招标，经与施工图预算对比准确率达到 98%。

此次全过程咨询创新的背景是开发企业逐渐进行轻资产模式运作，部分知名开发商有拓展为政府提供代建服务的需求。开发商的主要风险和需求在于临时组建的项目开发团队，对本地市场的了解情况，人员的稳定性，对设计、造价、现场的管控能力都存在不确定性，而作为长期从事全过程咨询服务的专业机构恰好可以满足上述需求，公司也正是利用这种客观需求，拓展了服务模式，延伸了服务内容。

（三）银行类“项目群”“片区群”全过程咨询服务创新

公司自 2006 年起，为某知名上市城商行提供项目管理与监理、造价咨询、招标代理为一体的综合服务。2011 年起，因该银行经营规模快速扩张，大量营业网点需要更新改造，并将所有网点更新改造的管理和监理工作同时委托给我方，为更好地服务于银行业客户，满足其服务需求，公司于 2019 年专门组建了银行项目群专项服务团队与银行装修工程管理二级事业部，目前服务对象已扩展至工商银行、邮储银行、宁波银行、北京银行、鄞州银行、通商银行等。

针对有长期建设需求，但主营业务为非建设的银行类委托方，其内设基建办、行政部同期负责多个项目建设，管理人员少且责权分散、建设管理经验不充分、专业技术力量欠缺的现状，公司抽调具有丰富银行工程管理经验的项目经理、成本与合约、技术、机电、数据中心等专业岗位工程师，组成银行项目群专项服务团队，负责所有银行类工程的前期调研、建设策划、设计和成本管理等工作，并统筹施工阶段的各项管理，与银行基建管理部门对接；项目群下再分别组建全过程咨询项目部实施各项目施工阶段的具体服务。目前，公司提供全过程工程咨询服务的银行项目中，共获得 1 项“鲁班奖”、3 项国家优质工程奖，并作为全过程咨询试点项目接待住房和城乡建设部，中国建设监理协会，省、市建设主管部门及诸多银行业主的咨询和考察。

对于类似非建设专业的委托方，在产品的品质日益受到重视、成本更加透明、服务性价比要求更加高的情况下，在同期有一定类似工程项目时，通过群组形式成立专门服务团队，既可以在同一委托方的多个工程中统一建设标准，高效决策和推进项目进展，又可以合理控制成本、保质保量地完成工程建设。从实际项目管理运行情况及工程竣工验收及使用结果来看，全过程咨询所涵盖的工作范围和内容，符合市场经济条件下建设单位的真实需求，对项目的投资、建设、交付均能起到积极作用。

（四）EPC 模式下的全过程咨询造价控制创新

宁波高新区映荷佳苑地块工程项目，项目总建筑面积 21.5 万 m^2，总投资 8.28 亿元，本项目采用 EPC 工程总承包模式，公司承担本项目的全过程咨询服务工作，具体工作内容为：项目管理、工程监理、造价咨询、招标代理。在投资控制上，既要符合现有政策的相关约束，又要发挥 EPC 模式特色，公司在技术合约策划、实施阶段造价管控等方面做了重点创新。

为契合 EPC 模式特点，在技术管理层面，在设计院初步设计基础上发挥公司住宅项目技术库的作用深化交付标准，编制施工图设计需求书作为招标文件附件，提高了控制价编制的准度。在合约层面，以模拟清单二次对账确定固定总价为主，其他计价方式结合，并约定施工图设计方的责任，任何属于设计问题发生的变更由 EPC 单位自行承担，并提出施工图限额设计要求。

在控制价编制层面，利用公司造价数据库，对一些造价不高、做法变化多的项目，以公司提供的参考做法为依据按“项”为单位包干，以期发挥EPC单位的能动性；对列入模拟清单的项目，设定施工图设计后的清单变更预案，在国标清单规则基础上做适当改革；对易发生做法变更的、计价单位不同的清单子项做单独列项处理。在施工过程造价控制层面，严格模拟清单对账制度，在工程款支付前必须完成该分部工程价款的核定；严格工程变更的审查，按工程变更发生的成因按既定规则做分类处理。

本项目是公司首个面向EPC的全过程咨询项目，在配套政策不全、EPC参建单位认识不高的情况下，上述投资管控创新机制起到了较好作用，对标同期常规模式开发的安置房项目，在工期、品质、投资上均显现了一定的优势，取得了良好的社会效益和经济效益。

（五）投资限额（包干奖罚）模式下的全过程工程咨询服务创新

梅树小区一期工程位于宁波市鄞州区，项目为大龄青年安置住房，总建筑面积约1.88万m^2，总投约2600万元。建设单位对本项目的工程造价有严格要求，不得超过概算。公司经过慎重考虑后，与委托方签订了附加奖罚条款的服务合同，公司需严格实行限额投资控制，并约定承担或享受实际投资超支或节约部分的50%。

为实现合同约定的投资限额目标，首先，公司组织专业人员对投资限额进行合理分解，编制项目施工招标方案策划，对施工中可能出现的各类问题充分考虑并在招标文件中合理约定。其次，对在公司介入前已完成的施工图设计进行内部审核，从技术、经济上进行多方论证，对原有的结构、工艺进行优化。再次，对未进行的智能化、室外道排、景观绿化等专项工程，根据投资分解目标编制设计任务书，提出限额设计要求，跟踪设计过程，对设计成果进行复核。通过参建各方的共同努力，最终项目工期基本按约定时间完成，投资略有节余，经审计项目程序合规。

本项目是公司在新农村建设上进行的一次创新，乡镇级投资主体缺乏专业技术人员、缺少工程开发建设管理经验，对建设程序的合规性、对投资控制均有高度敏感性。公司凭借本项目的成功案例，迅速打开了宁波市新农村建设的全过程咨询服务市场，进入全过程咨询服务快速发展阶段。

结语

经过18年的全过程咨询服务的探索，从缺少政策依据到政府大力支持，公司一直秉持的原则就是服务市场、相信市场，以市场需求为导向，以满足市场需求为目标，追求为各类业主创造额外价值。在推广全过程咨询服务的过程中，公司也不断去挖掘市场上的新需求，也更加发现了市场需求的多样性和广泛性，也更加确信全过程咨询有着广阔的市场前景。

作为在单一区域精耕细作为主的监理企业，公司以“决策阶段的智囊，实施阶段的管家”为基础理念，聚焦于强主业、精专业的发展路线，开放包容地引进及培养复合型管理与技术人才，为企业所在地区推广全过程咨询服务积极贡献力量，我们相信监理企业在全过程咨询转型过程中可以完成从“强制监理”到“弹性需求”的转变。

把握混改机遇 高质量打造优秀全过程工程咨询服务品牌

薛文坦　曹　英

攀钢集团工科工程咨询有限公司

国有企业混合所有制改革，是国企改革的重要举措。2013 年，党的十八届三中全会明确提出混合所有制是基本经济制度的重要实现形式，积极发展混合所有制经济；2014 年，《政府工作报告》进一步提出“加快发展混合所有制经济”，国企民企融合成为新一轮国资国企改革重头戏；2015 年，中共中央、国务院，明确提出分步推进国有企业混改；2016 年，国有企业混合所有制改革一直在稳妥推进，中央企业混合所有制企业户数占比已达到 67.7%，一半以上的省级地方监管企业及各级子公司中混合所有制企业数量占比也超过了 50%；2017 年，混合所有制改革的落地之年，混合所有制改革步伐进一步加快；2019 年，攀钢集团工科工程咨询有限公司（简称攀钢工科）作为攀钢集团的全资子公司，根据攀钢集团有限公司下发的《关于印发 2019 年攀钢深化改革重点任务清单的通知》（攀钢办发〔2019〕37 号文）要求，积极参与了混合所有制改革。

一、攀钢工科混合所有制改革的过程

（一）攀钢工科的基本情况

攀钢工科创建于 2001 年，注册资本金 5000 万元人民币，是具有工程监理综合资质、工程造价咨询甲级资质、全过程工程咨询甲级、四川省工程项目管理甲级、工程咨询专业甲级资信、国际机电产品招标代理（原甲级）、政府采购招标代理（原甲级）、工程招标代理资质、中央投资项目招标代理资质的企业。

攀钢工科客户遍及四川、云南、重庆、山东、贵州、江苏、河北、广东、西藏、安徽、新疆、青海、浙江等省、自治区、直辖市，为四川省监理协会常务理事单位、中国建设化工监理协会常务理事单位、攀枝花市建筑业联合协会副会长单位，是云南首家省外“五星级”工程咨询类企业，多次获得四川省优秀监理企业、中国化工行业优秀监理企业和攀枝花市建筑业优秀企业等荣誉称号。

攀钢工科现有各类技术管理人员 412 人，具有高级职称 69 人、中级职称 178 人，其中具有工程建设类国家注册执业资格证书 197 人次。公司成立以来，工程咨询项目总投资额约 4000 亿元，监理民用建筑面积约 2300 万 m^2；工程造价咨询项目总投资额 1500 亿元；BIM 咨询项目总投资额 60 亿元。

近年来攀钢工科所监理的轨梁万能线获得“鲁班奖”，攀宏钒制品改造获得国家优质工程银奖，攀长钢钛材一期项目获得四川省“天府杯”金奖，攀钢西昌钢钒 1 号、2 号焦炉工程、热轧 I 标段工程获得冶金建设行业银质奖，攀钢钒 950 生产线改造工程获全国冶金行业优质工程奖，重庆市铜梁泽京龙樾府项目两获“重庆市建筑施工扬尘控制示范工地”，攀钢焦化酚氰废水处理系统升级改造工程、攀钢海绵钛分公司氯化废盐资源综合利用项目获中国建设化工监理优秀工程监理项目，绵遂高速望水垭互通立交至三台马家桥连接线工程被评为四川省优秀工程造价咨询成果二等奖。

（二）攀钢工科混合所有制改革的可行性研究

1. 混合所有制改革的必要性

1）混改后的机制能较好满足现行业和市场竞争的要求。攀钢工科混改以“引资本”促“转机制”，可有效突破体制障碍，还原完全市场主体地位，进一步完善攀钢工科决策机制和激励机制，真正实现市场化运营，有效提升市场竞争力和经营规模，确保国有资产保值、增值，实现公司高质量发展。

2）混改后能较好适应建筑业“放管服”市场竞争的需要。攀钢工科只有通过混合所有制改革来进一步激发活力、提升竞争力和抗风险，改变市场竞争劣势。

3）通过混改可以引入新的战略投资者，拓展新的业务范围。通过股权多元化改革，引入新的战略投资者，可以利用战略投资者所具有的资金、技术、管理、市场、人才等多方面的优势，融合战略投资者先进的市场理念、管理理念，帮助攀钢工科更快地成长，进一步拓展外部市场、扩大公司现有业务来源，缓解因攀钢和冶金行业投资下降，以及行业的激烈竞争带来的不利影响。

4）通过混改可以建立符合行业特点的人力资源管理模式。混改后攀钢工科可以完全实现市场化用工，可以制定符合市场竞争的薪酬激励机制，充分激发和调动职工积极性，强化了市场竞争力，实现薪酬激励机制与行业市场接轨。

2. 混合所有制改革的可行性

1）符合国家和集团公司深化国企改革的政策和要求。工程咨询行业是一个充分竞争的市场，攀钢工科业务属于充分竞争商业类企业，符合集团公司纵深推进供给侧结构性改革、混合所有制改革、市场化经营机制改革等一系列改革的范围和要求。

2）攀钢工科具备混合所有制改革的良好条件。攀钢工科多年以来在资质、业绩、人才等方面的积累为引入优质战略投资提供了条件。并且公司产权清晰、经营能力强，属轻资产、智力型企业，而且员工队伍精简、历史包袱较轻，有利于推进股权多元化改革。

3. 混合所有制改革的专项风险评估

基于混合所有制改革所涉及的内容，确定了专项风险评估与合规审查应关注政策风险、职工稳定风险、财务风险、合规风险、战略风险、管理风险、法律风险七大风险，制定了风险管理策略、风险监控预警指标以及风险应对措施。

（三）攀钢工科混合所有制改革的主要工作

2019年4月攀钢工科混合所有制改革正式启动。

2019年9月，通过招标方式确定财务审计和资产评估中介机构，同时开展资产评估和财务审计工作，混改方案（草案）提交攀钢集团公司主管部门。

2019年11月14日，混改方案（草案）经攀钢集团公司2019年第28次党委（扩大）会议和鞍钢集团公司2019年第20次总经理办公会讨论通过。

2019年11月25日，混改方案（草案）提交攀钢集团工科工程咨询有限公司职工大会表决通过。

2020年3月17日鞍钢集团下发《关于同意攀钢集团工科工程咨询有限公司混合所制改革方案的批复》，同时上报国家国有资产监督管理委员会备案。

2020年4月7日，进行预披露，4月23日，攀钢集团有限公司与上海企源科技股份有限公司在攀会谈，形成攀钢集团工科工程咨询有限公司股权转让相关事宜会谈备忘录，5月6日，完成预披露；5月21日，攀钢集团公司批准“关于确认挂牌转让攀钢工科65%股权交易底价的请示”，5月22日进行正式披露，6月18日，上海企源科技股份有限公司按法定程序与手续完成报名。

2020年8月27日，攀钢集团有限公司、上海企源科技股份有限公司签订《产权交易合同》《产权交易合作协议》，同意公司《章程》相关内容。

2020年9月7日，上海企源科技股份有限公司完成现金支付，完成交易。

2020年10月9日，召开攀钢工科职工大会，选举产生职工监事。

2020年10月23日，完成工商变更注册。

2021年1月23日，通过攀钢集团工科工程咨询有限公司员工经营层和骨干员工持股认购及管理办法。

2021年1月27日，召开公司股东会，完成公司股权变更并引入新股东。

2021年1月30日，完成经营层和骨干员工持股认购缴费。

二、攀钢工科混合所有制改革的经验分享

（一）坚持集团公司统一领导，保证混改有序推进

1. 严格执行集团公司统筹部署。根据《关于印发2019年攀钢深化改革重点任务清单的通知》（攀钢办发〔2019〕37号）、《攀钢集团有限公司混合所有制改革操作指引（试行）》等文件要求，严格落实。

2. 重要事项及时请示、及时汇报。在认真学习中央和攀钢集团公司相关会议、文件精神，严格履行上级混改要求和程序的同时，针对混改的挂牌价格等重要事项主动向集团公司（管理创新部、人力资源部、财务部、法律事务部、工会等）及时请示，对实施情况及时汇报不同阶段，就混改思路、混改方案、补充协议、新公司章程、民主管理程序在集团公司的坚强领导和有力支持下，保证混改正确、有序推进。

（二）开展“三宣四谈四讲”，保持稳定有序

1. “三宣”

即针对不同层次，有序、有针对性地开展宣传动员：一是抓好混改全过程的学习宣传，释疑解惑，推进干部职工

转变观念，增强对混改的理解与支持；二是抓好中层干部学习宣传，解决可能的“中梗阻”；三是加强党内专题学习教育，强化纪律要求，发挥党员骨干“压舱石”作用。

2.“四谈”

一是班子成员全覆盖，深入各部门（分公司、办事处）和一线项目部、一线岗位，与员工广泛开展谈心谈话、深入沟通；二是领导班子成员与中层干部、中层干部与本部门员工逐人进行一对一谈话，因人施策、释疑解惑；三是通过员工和党员微信群等动态开展职工思想跟踪，建立员工思想信息收集、处理、反馈闭环思想政治工作机制和快速响应机制，发现苗头，中层干部乃至公司领导及时个别谈心、沟通化解，积极回应职工关切；四是组织邀请战略投资方、集团管理创新部领导与干部职工代表举三方行座谈会，面对面坦诚交流，化疑问、消抵触、达共识。

3.“四讲”

一是讲清攀钢工科面临的体制、机制瓶颈和供给侧结构性改革纵深发展下工程咨询领域的变化趋势，讲清混改的必然性；二是讲透攀钢关于改革的重大部署，讲透新攀钢建设的非钢产业布局要求，明晰混合所有制改革的重要性、必要性；三是讲好宝钢咨询、四川亿联、中国联通、中核新能源等混合所有制改革的成功案例，讲好混改发展的前景；四是讲明改革方案对员工利益和公司未来发展的保障措施，解除后顾之忧，提升主动参与改革、投身改革积极性、主动性。

（三）履行责任，坚决维护攀钢利益与职工利益

作为攀钢人，严格责任意识，在与战略投资方（上海企源科技股份有限公司）的协商、谈判中，坚决执行集团公司意见、意图；在混改方案、补充协议、监事设置和公司未来经营保障、职工发展与收入保障等方面，积极协商、据理力争，争取利益最大化。

（四）利益共享，完成经营层和骨干员工持股计划

为充分调动关键员工的积极性和创造性，大股东（上海企源科技股份有限公司）将持有 65% 股权中拿出 20% 股权，实施经营层和骨干员工持股计划。结合攀钢工科混改后的实际，经过论证、分析，研究制定了员工持股认购及管理办法，通过调查问卷和集体商议，最终确定了公司 30 名核心员工入股，并于 2021 年 1 月 30 日顺利完成了经营层和骨干员工持股认购缴费。真正建立起建立骨干员工与公司共享改革发展成果、共担市场竞争风险的经营机制。

（五）实现了混合所有制改革和经营发展双促进

1. 外部市场初见成效。混改后攀钢工科在成都成立了业务总部，并相继成立了成都分公司、山东分公司、云南第二分公司、贵州黔西南州分公司、广东茂名分公司、青海分公司、德州分公司、四川分公司等八家分公司。外部市场 2021 年 1—8 月份累计：营业收入比上年同期上升 64%，合同比上年同期上升 76.5%，混改后攀钢工科市场开发实现由内向外的历史性转变。

2. 混改顺利完成。攀钢工科充分发挥非公有资本股东作用，促进国有资本、民营资本取长补短、相互促进、共同发展，彻底激发了经营活力。2021 年 1—8 月份累计实现营业总收入较上年同期上升 48.33%，累计实现利润较上年同期上升 13.65%，累计签订合同较上年同期增上升 122.86%。

3. 攀钢工科自混改后，取得了工程造价咨询甲级资质、工程咨询专业（冶金）甲级资信、工程咨询专业（电力、电子信息、机械、建筑、市政）乙级资信、全过程工程咨询企业甲级，建设工程项目管理甲级，化工行业监理 3A 诚信，守合同重信用企业。

三、混改激发企业活力，加速构建“五个机制”

（一）构建“自营 + 合作”的市场机制

按照“自营 + 合作”的经营模式，激发市场主体活力。攀钢工科构建以成都区域为中心，辐射周边市、省以及华北、西北、西南等区域市场布局。调整组织机构，加强市场开发风险管控，提高服务质量，促进攀钢工科市场开发的健康、有序、持续发展。

（二）构建“全过程”工程咨询体系

充分利用混改后灵活的体制、机制，从专业团队、资质和业务延伸诸多方面，打造以全过程工程咨询为龙头，以工程监理为重心，以工程造价咨询、工程咨询、项目管理和招标代理为支撑，西南一流、国内知名，极具竞争力的全过程工程咨询优秀企业。

（三）构建“双驱动”的人才机制

攀钢工科构建起“引进”+“培养”的双驱动人才机制。在多渠道引进成熟人才的同时，加大内部培养人才的力度。混改后，通过公开招聘的方式引进成熟市场和管理方面的人才 10 名，对内实施优秀人才晋升机制，新选任 3 名中层干部。

（四）构建“双倾斜”的激励机制

按照“多效多得、多劳多得”的原

则，实行市场化薪酬体系，重新修订攀钢工科绩效管理办法和持证以及高级职称奖励办法，薪酬分配向市场开发和骨干技术人员倾斜，强化员工激励，充分调动员工的积极性，职工收入稳定增长，截至目前人均月收入较上年同期增加14%。

（五）构建“思想引领”长效机制

攀钢工科虽然进行了混改，但是党的建设没有放松，总经理薛文坦一直强调：我们要坚持党性，永远扛起扛好红旗。公司深入实施党建强企工程，标准化党支部、党员先锋岗等活动成为影响全体员工的一股红色力量。2021年“七一”前夕，攀钢工科党总支关于开展“庆党百年、学答千题、行征万步”主题系列活动，进一步提升党组织的凝聚力和战斗力。

四、攀钢工科的发展规划

攀钢工科将以混合所有改革为契机，继续深化企业机制体制改革，全面实施“1234”发展战略，打造极具市场竞争力的优秀全过程工程咨询现代企业，实现公司的高质量可持续发展。

“1234”发展战略：即一个中心，两翼推进，三步走和四个工科。

1.“一个中心”

即充分运用混改体制机制优势，立足西南，面向全国，高质量打造优秀极具竞争力的全过程工程咨询现代服务企业。

2.“两翼推进”

一翼是人才与资质，运用混改后市场化用工机制，引进高技术人才，完善人才的培养、使用和激励机制，建设高品质技术与经营团队，瞄准工程咨询顶级水平，全领域提升企业资质，全要素提升企业核心竞争力，增强市场竞争实力和市场话语权；二翼是打造“全过程”，紧密围绕国家发展改革委、住房和城乡建设部《关于推进全过程工程咨询服务发展的指导意见》（发改投资规〔2019〕515号）、《住房城乡建设部关于促进工程监理行业转型升级创新发展的意见》（建市〔2017〕145号），充分利用混改后灵活的体制机制，抢抓供给侧结构性改革的市场机遇，加强横向合作，补强专业短板，扩展业务外延，实现企业由冶金向全领域、全过程的转型升级。

3.“三步走”

第一步：2021年，充分利用混改优势，走出西南，公司业务覆盖全国省份（港、澳、台除外）40%以上。第二步：2022—2023年，汇集战略投资者和横向联合（合作）的资源优势，公司业务覆盖全国省份（港、澳、台除外）80%以上，初步实现西南一流、国内知名的优秀全过程工程咨询服务企业目标。第三步：2024—2025年，公司业务覆盖全国（港、澳、台除外），真正实现西南一流、国内知名，极具竞争力的以全过程工程咨询现代服务为主多元化优秀企业目标。

4.“四个工科”

以充满活力、社会认同、员工自豪、受人尊敬为指向，打造创新工科、智慧工科、品牌工科和幸福工科。

关于监理企业如何提高未来核心竞争力的几点思考

赵中梁
山西煤炭建设监理咨询有限公司

摘　要：2021是我国“十四五规划”开局之年，也是监理行业推动改革创新发展的关键性一年。近几年，随着国家和地方陆续出台了一系列关于监理改革发展的政策性文件，今后，监理企业不但要面对同行业的横向竞争，还要接受产业链端的纵向挑战。所以，如何提高监理企业核心竞争力，如何用竞争促发展，将是我们每个监理人，每个监理企业，乃至整个监理行业亟需思考的一个命题。

关键词：监理企业；核心竞争力；并购重组；价值工程；全过程咨询

山西省于2020年4月2日发布的《关于进一步完善房屋建筑和市政基础设施工程监理管理工作的通知》（晋建市字〔2020〕56号）中明确说到：“对于非必须监理项目，建设单位可通过配备具有相应执业能力的专业技术人员和管理人员履行监理职责，实行自我管理”，同时文件中还鼓励有条件的小型项目试行建筑师团队对施工质量进行指导和监督的新型管理模式；近日，《青岛市住宅工程质量潜在缺陷保险试点工作实施方案》印发，方案中提到：“建设单位购买工程质量潜在缺陷保险、由保险公司委托风险管理机构的方式对工程建设实施管理的，可以探索不聘用工程监理。”以上可知，监理企业、监理行业未来发展形态极其严峻，我们将面临多元化、多方位的全面竞争。但事物的发展总是具有两面性，有竞争就会有发展，有挑战就会有机遇。正如《荀子·劝学》中所说：“不登高山，不知天之高也；不临深溪，不知地之厚也”。所以，积极转变思维，加强危机意识、环境意识和竞争意识，努力提高监理企业自身未来发展的核心竞争力，势在必行！

一、稳固传统优势，夯实基础求发展

改革创新，是提高监理企业未来核心竞争力的必然途径，也是我们所有监理人的共识，但是任何事物的发展都有一定的客观规律性，所以监理企业的创新发展也必须循序渐进，不可急于求成。我国自1988年开始实行监理制度以来，已历经30多年发展，从无到有，从弱到强，期间无论是监理企业，还是整个监理行业，已经从管理制度、认证体系、人才储备、发展理念等方面形成了一套我们独有的竞争优势。如果当下为了发展而发展，为了创新而创新，不切实际，急于冒进，放弃自己的传统优势而盲目去开拓新型业务，必然适得其反。所以现阶段，我们监理企业还是应在巩固工程施工阶段监理服务等传统优势基础上，结合实际，确定方向，找准时机，精准发展。

二、管理创新、人才创新、理念创新

管理制度、人才储备和理念革新是一个企业核心竞争力的根本，社会发展日新月异，我们监理企业在这三方面的提升也应与时俱进，同步发展。

说到企业管理，首先要讲的就是质量、环境和职业健康安全等三体系认证。

三体系是以国家相关产品质量法、标准法和计量法等法规和产品标准为依据，通过组织机构的建立、岗位的设定、岗位职责的划分、岗位制度和流程的制定从人员、工作场所、设备设施、经营品控和环境影响等方面进行有效运行和管控，以达到人员安全、质量保证、环境保护、顾客满意和企业受益的一种宏观管理理念。三体系认证作用诸多，其中很重要的一条就是可以提高企业的形象和企业竞争力。所以我们各个监理企业要努力创造三体系认证条件，积极申请三体系认证，以此进一步促进企业核心竞争力。同时在此基础上，根据时代发展要求（如山西省太原市2018年9月发文要求将扬尘治理写入监理规划和细则中），积极优化监理大纲、监理规划、监理实施细则等纲领性、程序性和指导性文件，进一步提高我们监理服务能力和顾客满意度，用业绩促发展，用发展求壮大。

随着全国监理工程师考试制度改革，以后会有越来越多年轻化的人才进入监理行业，这是监理行业发展之幸，但如何优化人才结构，如何做到人尽其才，也是我们亟待解决的一个问题。就如，随着建筑业的不断发展，政策也是赋予了监理行业越来越多的安全责任，像以前一个项目由专业监理工程师主管或兼职安全工程师的做法已然行不通，这就需要我们必须具有懂法律、懂规范、懂业务的专业化的安全管理人才。再有，监理行业未来走全过程工程咨询之路是必然趋势，今后监理企业人才储备也必将由单一性向复合型转变，谁能抢先赢得人才战略，谁就会在未来的发展和竞争中赢得先机。

转变思想，理念创新对于一个企业的发展来说，尤为重要。我们监理行业经过30多年的发展，各大监理企业都取得了长足的成就，也积累了丰富的工程管理经验，这些都是值得肯定的成果，但我们不能固步自封，一成不变，否则就会被时代所淘汰。而监理企业如何革新理念？笔者认为应该分两步走，第一步是加强学习，通过书籍和影像资料来学习国内外优秀企业的先进发展理念，然后根据企业自身特点，学以致用；第二步就是走出去，加强与各地监理与非监理企业之间的实地走访和考察，互通交流，用第一直觉来促进我们发展理念的进步和革新。在做好以上两方面工作同时，积极转变和开拓企业管理者和员工的思想观念和创新精神，以点带面，从而推动整个监理企业乃至监理行业的整体发展。

三、并购重组，整合资源，走共创共赢发展之路

国务院于2021年6月3日发布《深化“证照分离”改革进一步激发市场主体发展活力》的通知文件中明确指出：“将工程监理企业资质由三级调整为两级，取消丙级资质，相应调整乙级资质许可条件；取消住房城乡建设部门审批的事务所资质。”丙级和事务所监理企业资质取消后，相关监理企业何去何从？笔者认为可走并购重组之路。

并购可分两方面，一方面是几个丙级监理企业合并重组后，申请更高一级资质；另一方面是丙级监理企业直接并购加入甲级或乙级监理企业。这里重点阐述第二方面的可行性。丙级监理企业通过正规手续并购加入更高资质级别企业后，一是直接并入企业总部，原有管理配置全部取消；二是在企业总部指导下，成立分公司，然后使用母公司资质自主承揽业务。但是承揽到甲级或乙级资质范围业务，总监理工程师、总监代表及安全监理工程师必须由母公司选派符合相关资格和业绩要求的人员担任，并由母公司负责监督考核项目工程监理运营情况。这样做的效果是，丙级企业可以将自己的人才资源和业务资源带入母公司，这对于母公司来说是一个很好的补充和完善。而同时母公司又可以把先进的管理制度、完善的考核机制和优秀的发展理念赋予加入的子公司，两者相辅相成，共同发展。这样在一定程度上还可以有效杜绝挂靠资质承揽业务现象，促进良性竞争，推动整个监理行业的可持续发展。

四、积极运用“价值工程法”促管理、提服务、增效益

一个企业要发展、要生存，就必须要有业绩、有效益，有客户接受我们的产品。监理企业的产品是什么，就是我们的技术和服务水平，提高服务能力，提高顾客的满意度，也一直是我们监理企业秉承的宗旨。而价值工程是以提高产品价值为目的，以功能分析为核心，以有组织、有领导的活动为基础，它不但是提高产品价值的一种科学技术，也是一项指导决策和有效管理的科学方法。价值工程的工作程序一般可分为准备、分析、创新和实施与评价四个阶段，其工作步骤实质上就是针对产品功能和成本提出问题、分析问题和解决问题。价值工程无论是开展目的还是工作程序，都与我们监理企业的发展思路高度契合，如果将价值工程这项科学技术应用到我们监理企业运营和管理中来，必将更大

程度地提高我们的监理行业服务水平和核心竞争力。

五、注重营销和宣传策略，提高企业知名度和竞争力

监理企业发展至今，我们各个监理企业，无论从企业文化、人才结构以及特定专业的技术优势等方面已经形成了一套自己独有的成果。而我们的成果终究是要面向市场，如何让市场接受我们的成果，如何让我们的成果发挥优势，这就需要我们注重和加大营销和宣传策略，让我们的成果实现效益最大化，以此提高我们监理企业的知名度和竞争力。

现阶段，我国网络飞速发展，各类微博、公众号、短视频等自媒体蓬勃兴起，所以我们要积极利用好网路平台，合理布局，科学筹划，认真做好我们监理企业的营销和宣传策略。在做好网络营销同时，我们也不能忽略报纸、杂志、电视广播等传统媒体宣传，双管齐下，方能事半功倍。当然，我们的营销和宣传是以良好的服务品质做保障，不能过度宣传，更不能虚假宣传，否则适得其反。

六、顺应时代发展潮流，努力创建全过程工程咨询之路

《国务院办公厅关于促进建筑业持续健康发展的意见》（国办发〔2017〕19号）在完善工程建设组织模式中指出："培育全过程工程咨询，鼓励投资咨询、勘察、设计、监理、招标代理、造价等企业采取联合经营、并购重组等方式开展全过程工程咨询。"近年，我国黑龙江、浙江、吉林以及江西等省份也陆续出台了关于实行全过程工程咨询的相关政策性文件。其中吉林省在《推进房屋建筑和市政基础设施工程全过程工程咨询服务的实施意见》中的探索委托方式中提到："全过程咨询服务应当由一家具有综合能力的咨询单位实施，也可由多家具有招标代理、勘察、设计、监理、造价、项目管理等不同能力的咨询单位联合实施。"同时该实施意见还对全过程工程咨询的创新评标办法、强化人员要求、探索计费方式、提高服务能力以及规范项目管理等方面给出了具体说明，并从加强部门合作、重视人才培养和提高宣传力度三个方面对实行全过程工程咨询的保障措施进行了重点说明。

由此可知，未来我们监理行业的发展方向就是全过程工程咨询。国家和地方的相关政策性文件也给了我们监理行业关于全过程工程咨询具体操作模式指引以及实践性和可行性指引。所以现在我们每个监理企业都要认真学习国家和地方现有及今后将出台的相关文件，从中汲取经验，少走弯路，并有针对性地对相配套的制度创建和人才培育等进行着重建设，然后在此基础上，结合企业现有资源和发展方略，努力创建全过程工程咨询之路。

结语

向前发展的道路不会是一帆风顺，到现在，我们监理行业已历经30年多年发展，这三十年，我们风雨同舟，迎难而上，取得了来之不易的成果。今后的道路也一样不会平坦，所以我们每个监理人、监理企业要继续秉承不惧风雨，不畏艰难的精神，苦修内功，开拓思维，在提高自身核心竞争力的基础上，乘势而上，去努力蹚出一条符合我们监理行业自身特色的发展路、创新路。

监理企业向全过程工程咨询的转型升级探讨

陈卫兴　张　倩
海逸恒安项目管理有限公司

引言

在国家“一带一路”的大背景下，中国建设的重大工程，因其技术含量高和建设速度快让世界瞩目，这些工程的建造，不断彰显中国建筑企业的杰出能力，以及中国建筑业的成熟发展。相比之下，中国工程咨询企业在国际上却寥寥无几，影响力更是微乎其微。因此，为提升整体综合实力，打造中国工程咨询力量和品牌，加快与国际惯例接轨，培养具有国际核心竞争力的全过程工程咨询企业成为必然趋势。

一、政策环境研究

（一）政策指引推动全过程工程咨询发展

2017年，国务院办公厅发布《关于促进建筑业持续健康发展的意见》（国发办〔2017〕19号）鼓励投资咨询、勘察、设计、监理、招标代理、造价等企业采取联合经营、并购重组等方式发展全过程工程咨询。住房城乡建设部相继发布《关于开展全过程工程咨询试点工作的通知》（建市〔2017〕101号）强调试点地区住房城乡建设主管部门要引导大型勘察、设计、监理等企业积极发展全过程工程咨询服务，拓展业务范围，选择40家企业进行试点。各地也纷纷开展全过程工程咨询的试点工作。2019年国家发展改革委、住房城乡建设部印发《关于推进全过程工程咨询服务发展的指导意见》（发改投资规〔2019〕515号），文件指出要创新咨询服务组织实施方式，大力发展以市场需求为导向、满足委托方多样化需求的全过程工程咨询服务模式，针对项目决策和建设实施两个阶段，重点培育发展投资决策综合性咨询和工程建设全过程咨询，为推进全过程工程咨询指明了发展方向和实施路径。

（二）监理转型全过程工程咨询成为必然趋势

《关于开展全过程工程咨询试点工作的通知》（建市〔2017〕101号）中提到：在40家企业进行全过程工程咨询试点工作，其中监理企业占十余家。同年住房城乡建设部发布《关于促进工程监理行业转型升级创新发展的意见》（建市〔2017〕145号），鼓励监理企业在立足施工阶段监理的基础上，向“上下游”拓展服务领域，提供项目咨询、招标代理、造价咨询、项目管理、现场监督等多元化的“菜单式”咨询服务，形成以主要从事施工现场监理服务的企业为主体，以提供全过程工程咨询服务的综合性企业为骨干的行业布局。2019年，河北省住房和城乡建设厅《关于印发〈推动工程监理企业转型升级创新发展的指导意见〉的通知》（冀建质安〔2019〕7号）强调发展以市场需求为导向、满足委托方多样化需求的全过程工程咨询，是监理企业转型升级的重要方向。

全过程工程咨询为期两年的试点工作已经结束，全咨已经进入总结发展阶段，政策的引导充分表明，发展全过程工程咨询是监理企业转型升级的特色之路。

二、监理企业转型升级全过程工程咨询的优势

（一）监理制度建立的初衷与全过程工程咨询相统一

“监理”源于FIDIC中的咨询工程师，“咨询工程师”受业主委托，对工程的质量、进度、投资进行管控的项目管理机构，也可承担前期可研、设计等咨询工作。国家改革开放以来，为提高管理水平和投资效益，引入工程监理制度。监理制度建立的初衷是对建设工程的前期、设计、招标投标、施工、保修等阶段工作进行全寿命周期管理与咨询。然而随着时间的推进，我国监理行业逐渐发展成更侧重于施工阶段的质量安全管理工作，对过程投资以及前期等基本不涉及，逐渐与监理制度建立的初衷发生偏离。

为进一步规范建设程序、推动建筑

行业健康发展，《关于促进建筑业持续健康发展的意见》（国办发〔2017〕19号）首次提出“全过程工程咨询”的概念。2019年住房和城乡建设部和发展改革委员会发布联合征求意见稿，明确“在项目决策和建设实施两个阶段，着力破除制度性障碍，重点培育发展投资决策综合性工程咨询和工程建设全过程咨询”。2020年住房和城乡建设部发布《房屋建筑和市政基础设施建设项目全过程工程咨询服务技术标准（征求意见稿）》进一步明确全过程工程咨询的概念：工程咨询方全过程工程咨询综合运用多学科知识、工程实践经验、现代科学技术和经济管理方法，采用多种服务方式组合，为委托方在项目投资决策、建设实施乃至运营维护阶段持续提供局部或整体解决方案的智力型服务活动。

全过程工程咨询作为智力型服务活动，可以为业主提供从前期投资决策至项目竣工乃至项目运营阶段的咨询和管理，与工程监理制度建立的初衷相统一。全过程工程咨询的推广将是监理行业转型升级的重要突破口。

（二）施工阶段的全过程参与利于三大目标的实现

我国工程监理侧重于施工阶段的“三控两管一协调”以及安全生产工作，参与建设工程从开工前准备—开工—施工—竣工—保修的全过程，监理团队从进场一直到项目竣工就驻扎在项目现场，相比前期咨询、勘察、设计等团队更加熟悉施工现场，是在施工阶段协助业主管理施工单位的重要力量。

部分监理企业为进一步提升管理水平，在开展监理服务的同时，推进项目管理的实施，已逐步开展监理—项目管理一体化服务管理模式。在此情况下，监理团队不仅可以在行使监理权责的基础上保证建筑产品的质量和安全，更能在一定程度上履行好项目管理职责，对建筑工程的成本及工期进行更好地把控，此类模式的应用，为监理企业转型升级积累了大量的人才及项目管理经验。

监理企业作为业主的委托方，也是疏导各方关系的重要协调方。

在把握业主的授权范围内不仅要积极协调与业主方及各个职能部门的关系，还应协调与施工方及现场设计方的工作，保证质量、加快进度、降低能耗。监理相比勘察、设计等各方，与工程建设的各个相关方有更多联系，也一直发挥协调各方关系的角色。更加符合全过程工程咨询中对项目整体进行统筹协调的角色定位。

（三）责任主体身份利于发挥全过程工程咨询的优势

监理作为五方责任主体之一，与建设工程的质量、安全有着直接联系。监理代表业主对施工单位的工程建设质量和安全进行管理。开展工作时相比造价咨询、前期咨询、招标代理机构等需要承担更大的责任，这种意识促使监理企业转型升级成全过程工程咨询企业开展全过程工程服务管理时，在保证进度与投资可控的基础上，同样注重建设工程质量及安全生产工作的管理，也更能保证工程建设项目的顺利完成。

三、监理企业开展全过程工程咨询的难点

（一）缺乏前期策划能力，无法规避后期风险

建筑项目工程开发前期咨询的策划工作在整个项目中占据着重要地位，可以有效整合建筑工程中的资源，减少项目运行中出现的偏差，建筑项目工程能否获得预期的收益，是由建筑工程的前期阶段的策划方案、规划设想、项目定位、操作模式等决定的，而能否实现最初设想，在项目前期进行策划至关重要。然而，全过程工程咨询服务阶段从项目可研立项到项目竣工，监理企业更多侧重于施工阶段的目标控制，对于建设工程项目前期阶段的工作几乎接触不到，缺乏前期策划能力，对于项目可行性研究及技术经济方案比选不能做出准确预估，无法为业主规避后期可能因“三超”而引发的投资失控问题。

（二）全能型人才匮乏，传统思维难以转变

监理企业侧重于项目实施阶段的现场管控，项目人员也是由总监理工程师、总监理工程师代表、专业监理工程师、监理员、资料员等组成，某些执行项目管理职能的监理部还由项目管理人员组成，但是对于从项目立项到项目竣工及运营阶段的全过程管理人员十分匮乏，无法做到对项目的全过程管控。况且传统监理业务只要求履行好施工阶段的安全质量管控职责，全过程工程咨询则要求对项目全过程（立项—竣工）进行管控协调，无疑对监理人员提出更高的要求，某些多年从事监理业务的人员因循守旧，不愿改变现状。不利于监理企业为发展全过程工程咨询业务培养全能型人才。

不仅是监理企业，设计院及各中、小型咨询工程企业，也由于长期从事某一专项业务，精通各自领域，虽然各专业技能人才及专业管理人才充足，但是却普遍存在缺乏全能型人才的现象。

（三）中、小监理企业的自身限制，缺乏核心竞争力

全过程工程咨询业务开展如火如

茶，某些监理企业已意识到转型升级的风口，大型监理企业依据自身实力因素逐步开展全过程工程咨询业务。然而，对于中、小监理企业，本身就在监理行业中生存艰难，监理行业的竞争激烈，致使中小监理企业只能通过降低收费来获取监理业务，为缩减业务成本，提高盈利，企业只能缩减单个项目监理人员数量，增加监理人员工作量，不利于增加监理企业人员的工作积极性，往往造成人才流失。在此情况下，中、小监理企业无自身的核心竞争力，只能靠压低报价来增加业务量，长此以往造成行业的恶性循环。全过程工程咨询业务更强调人才的重要性，而中、小监理企业人才的缺失，管理制度的不完善，组织架构的不合理都将成为限制其发展全过程工程咨询业务的重要因素。

四、监理企业转型升级的战略分析

（一）加强资源整合能力，为全过程工程咨询业务蓄力

1. 整合互补资源，积累项目业绩

大部分监理企业受限于企业的资质、服务范围、人员业绩等，单独承接全过程工程咨询业务存在一定难度。为拓展业务市场，可优先选择与其业务互补的企业组成联合体进行投标，共同承接全过程工程咨询业务，可避免短时间内由于其自身限制条件无法开展全过程工程咨询业务的问题，还能在项目开展过程中更好地积累项目经验，为进一步拓展服务范围打下基础。整合互补资源是积累全过程工程咨询业绩的一种方法，更是监理企业开展全过程工程咨询业务的重要手段。

2. 重组企业架构，提供组织保障

监理企业因其服务范围的有限性，服务模式单一，不克服这一问题无法真正做到全过程工程咨询，大、中型监理企业可通过企业兼并重组，补充完善前期、勘察、设计等业务版块，完善相应部门设置，为后续开展全过程工程咨询业务提供组织保障。

（二）优化培训体系，培养全能型人才

1. 优化培训体系

高效能的培训体系，不仅能够促使员工增加企业绩效，还有利于吸引留住人才。目前，越来越多的人才选择企业会更多地关注学习和未来发展等因素。因此建立有效的企业人才培训机制是吸引人才、留住人才的重要保障。

为有效解决监理企业人才流失问题，企业内部应构建有效的培训机制，充分了解培训需求，制定人才发展通道，针对不同人群制定不同的培训计划。

2. 培养全能型管理人才

监理企业转型升级成全过程工程咨询企业，不仅要培养各专项业务人才，更需要培养企业全能型管理人才。全过程工程咨询业务涉及前期咨询、设计阶段、发承包阶段、施工阶段、竣工及保修阶段等阶段管控内容，项目总负责人不仅要具备各阶段的业务能力，更要具备统筹协调能力，才能做到真正对项目总体进行把关。因此培养全过程工程咨询项目负责人，一方面可以培养监理企业总监向项目负责人转变，另一方面可以引进企业外综合型管理人才。积极组织相关专业知识培训，不断提升服务能力。为今后开展全过程工程咨询业务，储备更多集管理、经济、法律、技术于一体的多层次、高水平、综合型人才。

（三）构建企业数据库，提升信息化管理水平

随着政策导向日趋明显，建设方的成本管控需求也逐渐加强，数据库的建设，不仅能积累经验数据使工作提质增效，还可以避免因经验人员工作调动等带来的数据丢失问题。因此构建企业数据库是监理企业转型升级的重要步骤。

随着信息化技术的快速发展，大数据、互联网、云计算、BIM 等技术也逐渐成熟，数据分析积累系统及智慧工地等先进的信息技术也在工程建设及服务过程中不断被应用及创新，依托这些先进的信息管理技术及工具，对项目进行全过程管理工作，以便提升工作效率。

企业数据库的构建及信息化管理水平的提升将为监理企业转型升级全过程工程咨询提供真实有效的经验数据，也为今后进行深层次的数据分析奠定基础。

结语

全过程工程咨询是发展的重大历史机遇，也是现代监理企业转型升级的重要突破口，在市场环境下，监理企业转型成为必然趋势，作为监理企业应在保持原有核心竞争力的基础上，在组织保障、人才培养方面做好充分准备，为开展全过程工程咨询业务储备人才；创新业务战略，采用联合体等方式积累全过程工程咨询业绩，提升企业实力；构建企业数据库，不断提升企业信息化管理水平，实现全过程工程咨询业务过程数据和经验的积累。实现监理企业向“一体化、综合性、多元化”企业的转型升级目标。

探讨多样化监理方法提升质量安全防控能力

蓝秋云　甘耀域　莫细喜

广西大通建设监理咨询管理有限公司

摘　要：监理作为工程建设参建方之一，如何适应当今政府强化监管和市场客户要求，进一步加强监理监控能力，为业主提供更全面的质量安全监控服务？本文认为监理企业要提升工程质量安全风险防控能力，应该在诚信建设和监理方法创新上下功夫。经过多年的监理实践和总结，归纳出一些关于工程质量安全监理方法的创新经验，供监理企业同行交流、讨论。

前言

我国工程监理制度从 1988 年起进行试点、稳定发展、全面推行、转型升级等阶段，至今已有 33 年。按说行业的监理服务质量、安全风险防控能力应该越来越协同发展，但现实的状况却是参差不齐，分析其原因固然有多个层面，但行业自身及各监理企业内部管理也是主因之一。2017 年颁布实施的《国务院办公厅关于建筑业持续健康发展的意见》（国办发〔2017〕19 号）、《住房城乡建设部关于开展全过程咨询试点工作》的通知（建市〔2017〕145 号），标志着监理行业进入新的变革时期，加之在政府推行的“放管服”及“以市场主体”等改革背景下，监理面临着如何适应政府强化监管和市场多样化需求，进一步调整和完善质量安全监理方法，提高监理服务质量，提升企业风险防范等诸多问题。监理同仁皆知，监理企业是以人为本，提供技术服务的企业，要适应强化监管和市场多样化需求，就必须在人的综合素质和质量安全监控方法上下功夫。过去监理靠一顶安全帽、一把钢卷尺、一本笔记本即可开展现场监理工作，现今已经无法满足政府强化监管、市场及客户的需求。随着社会经济和科技的发展需要，必须多渠道运用和更新监理手段，提供更好的监理品质服务，才能赢得市场、赢得客户。

在监理过程中，工程质量与安全监控是两个最重要的环节，如果在建设过程中一旦出现质量安全事故，将给社会及人民生命财产造成损失，因此，监理企业应加强诚信建设，在工程质量安全监理的各个环节，创新和提升监理方法，以期更好地为业主工程服务。笔者在本监理企业的多年管理工作中，围绕诚信建设，探索了一些监理方法的经验，供大家交流讨论。

一、用诚信服务和目标管理意识去全力保障质量安全管理

工程建设的质量安全，始终是监理企业的管理主题。监理企业承接到业主的工程任务后，组建项目管理部进场，要全力做好各专业配套的监理人员的组织保障，按监理合同履行好监理职责。监理企业管理员工的重要方法，就是要经常灌输“监理到位、诚信服务”的意识，在现场监理中为监理企业信誉日积月累，以信誉的提高反哺员工的荣誉感和自觉行动，形成爱岗敬业的良好氛围。监理企业的领导和职能部门平时到工地检查，管理员工的另一

重要方法，就是要经常灌输目标管理的意识，把意识体现在工程质量创优、安全事故零容忍的监理工作上，例如告诫员工要熟悉对深基坑支护、外脚手架、模板支撑系统、塔吊和施工升降机及卸料平台的报验备案管理工作，光审核方案还不行，还要经常到现场相应部位核验施工管理人员和劳务工人是否按已审批方案去做，以保障各环节的小目标成效，进而达到整体工程质量安全的大目标。

二、用贯标结合管理去聚力预控质量安全管理风险

很多监理企业名义上也在贯彻ISO9000、ISO45001、ISO14001标准，大多数取得质量管理、职业健康安全管理、环境管理的“三标一体”认证证书，但贯标流于形式的不良风气仍然在侵袭不少企业。笔者所在的企业，贯标管理工作一直旗帜鲜明，与全体员工聚力坚持把贯标与监理工作紧密结合起来，因为贯标能规范企业内部管理，能减少企业运营风险乃至项目监理上的质量安全风险。贯标认证证书不是管理形式的代名词，也不是在项目投标时的纯加分工具，而是这三标管理体系在各方面管理及现场质量安全监理中实实在在地起到作用。员工们在企业的长效贯标中，掌握了主动预防的要领，科学运用PDCA循环管理方法，大多数项目监理部在监理工作中走程序、重预防、促纠正方面得以坚持，在监理过程的工地例会要求、方案审核、材料见证、巡检、旁站、平行检查、监理指令、验收、质安隐患排查、时效处置的技能上得到磨练，对危险性较大的分部分项工程的监控，坚持了计划、实施、检查、处置，在各分部分项工程的细化监理中排查了隐患，消除了风险，取得了较好的成效。

三、用科技手段通力提升质量安全监理

伴随科技的发展和进步，BIM技术、无人机、远程监控等智能化科技监控手段已经逐步运用到工程建设中，笔者在本企业监理的部分项目，也适当投资和借助这些科技手段去实施质量安全监控。例如通过BIM技术进行多专业的空间碰撞分析和检测、管线综合排布、虚拟净高分析、方案比对、细部优化等，实现工程质量安全透明化运态监控，对提高工程质量安全数字化、信息化确实有所帮助。平时监理人员到现场进行工程质量安全检查时，也普遍使用摄像仪器或智能手机拍摄现场的质量安全隐患和问题，进行整理汇总，制作质量安全问题PPT，通过监理例会、质量安全专题会等会议形式，采用影像资料点评，形象直观指出问题和隐患所在楼栋、轴线、部位，附上违反规范标准的依据条款，分析原因，落实定人整改，跟踪回复，确实能够促进现场施工管理，监理人员也能在工作中强化规范标准的警醒提示，促进了自身监控水平的提高。

四、利用会议形式多样化去合力共助质量安全监理

工地例会是解决质量安全问题的重要手段，会议形式多样化有利于对质量安全问题加深直观认识，因此，本监理企业要求项目监理部的总监，在召集解决质量安全问题和隐患的工地专题会议时，不应局限在办公室，应更多地设在工程现场实地特别是在容易出现质量安全问题的主要工序和关键部位召开。项目总监要不定期组织各参建方爬高就底，到具体位置观察分析，引导各抒己见，拟出就地处置措施，使得项目施工管理人员、监理人员能够形象、直观地知道存在问题和隐患的具体位置和原因所在，加深印象，也便于落实整改效率及避免类似问题重复出现。

五、善于用敢管敢报手段借力促进质量安全监理

“安全第一、预防为主”是党和国家对安全生产的管理方针，国务院相继颁布《建设工程质量管理条例》《建设工程安全生产管理条例》并施行这么多年以来，各级建设行政主管部门监管质量安全不断细化，监理企业在现场工程建设中质量安全监理良莠不齐的状况下愈显监理责任的艰辛，风险加大。笔者认为，监理企业对现场监理人员的质量安全监理，归根结底还是要强调做好履职到位，各尽其责。例如，对检验批、分部分项工程质量监控的每一细小环节都要勤观察、严把控，发现有不按规范、图纸施工、降低质量标准行为的，监理必须当场制止。整个工程质量的施工过程，施工单位的项目部在现场管理上，往往有重视主体阶段质量而轻视装修阶段质量的行为，监理人员要在工程进展到装修阶段时，是要时常警醒提示施工单位的。在安全防控方面，一是要定期做好应急预案演练，二是项目监理部总监在组织定期和不定期的工地安全综合检查中，应严格按《建筑施工安全检查标准》进行评价，及时签发监理联系单或监理工程师通知单，监督施工项目部在限定时

间整改，对违法、违规施工将导致质量安全事故的隐患，要责令停工整改，施工单位拒不整改的，项目总监在通报业主的同时，要及时报告行政监管部门，采用方式是书面报告，至少，要用手机或座机报告。这样，借力于行政监管部门的介入，工地现场的安全风险才能得到尽快化解。笔者欣慰感到，本企业有部分综合素质高的项目总监在关键时刻敢管敢讲敢报，达到了保障现场施工安全处于受控状态的较好效果。建设行政监管部门有监督管理的执法权，行政监管部门接到项目总监报告，会根据实际情况严令施工单位进行整改，对扭转现场严重质安隐患的状况确有实效的约束作用，项目总监应该善于和敢于运用此方法措施，使之产生令行必果的实效。

六、利用学习模式的转变去致力提高质量安全监理

要提高质量安全监理监控能力，培训学习是继续“充电”的重要渠道，监理人员对各专业知识复合面越多，对现场发现质量安全问题就越能胸有成竹，就地有效解决。通过专业知识学习及质量安全案例分析可以温故知新，及时更新知识，就能适应新形势下的质量安全监理要求。例如项目参建各方进场后，由监理牵头与其他参建方沟通协调、协商一致，通过根据项目设计图纸内容、工程质量安全要求等编制学习计划方案，明确质量安全学习内容、时间及主讲人。在分项分部工程开工前，组织项目各个管理团队人员学习熟悉相应部位图纸内容、有关规范标准要求及注意事项等，进行有的放矢地事前控制，监控和解决施工过程中的质量安全问题。在项目建设过程中可以组织一些有利工程质量安全提升的学习活动，如适当组织项目各参建方主要管理人员到其他项目观摩学习典型质量安全经验、举行质量安全知识竞赛等，多形式转变培训学习模式，有助于各参建方对质量安全管理的提高。

七、用党建活动和廉洁纪律协力做好质量安全监理

党建工作能够提高项目监理人员提高政治站位、团队合作，促进项目监理人员增强职业操守，有助于约束监理人员行为规范。笔者所在的监理企业，要求领导或二层机构负责人尤其是共产党员的，要勤到工地进行相应的季检或月检，经常告诫监理人员加强廉洁自律，严禁在监理工作中“吃、拿、卡、要”，对违反廉洁纪律的要严肃处理。同时，勉励大家紧盯工程质量控制关键点，狠抓危大工程的安全重点，化解难点。不断创新质量安全监控方法，对有条件的项目监理部，设立党建宣传栏，让党员同志讲党史、宣党章、悟思想、播信念，引领监理团队充分发挥主观能动性；聚力“党建带团队、团队促党建”，推动质量安全监理建功再上新台阶。构建共同价值观，凝聚团队力量，发扬质量安全的匠心奉献精神，推进团队质量安全监理能力的不断提升。

八、用智慧监理的推进去帮补质量安全监理

随着科技的发展和进步，促进现场质量安全监理工作软件应运而生，使之为现场工程质量安全提供了现代化工具，对建立质量安全监控数据库，实现工程质量安全监理工作规范化、标准化、移动化是有很大好处的。质量安全监理数据达到按时、真实、科学、可追溯性，这样才有利于掌控现场工程质量安全问题，从而及时有效地督促整改和跟踪复查闭合。

国家法律法规及部门规章标准，对工程建设的质量安全监控有着举足轻重的规范指导作用，但由于各企业间制度体系、资金积累、软件购置等方面的差异，对工程质量安全监控效果也是差别较大。随着政府部门对工程质量安全管理的重视和客户对工程质量安全品质的期望值增加，笔者感到工程质量安全监控的部分方法，不足以适应时代需求，必须以国家法律法规及标准规范为导向，市场需求为基础，客户需要为目标，加大现场质量安全监理软硬件等设备仪器的购置和运用，钻研质量安全监理新方法和技术，帮补工地现场提升工程质量安全的防控能力，以期达到事半功倍的效果，这也是笔者思考如何逐期适当投资购置软硬件，为业主项目质量安全监理提供增值服务的深刻感悟。

结语

以上是笔者对监理企业诚信建设与质量安全风险防控方面的一些经验分享，重点是针对工地现场的监理项目，如何科学地运用多形式的监理方法，以期对监理同行相互启发，共同助推监理行业提升质量安全监理服务水平，促进监理企业健康、蓬勃发展。

《中国建设监理与咨询》征稿启事

《中国建设监理与咨询》是中国建设监理协会与中国建筑工业出版社合作出版的连续出版物，侧重于监理与咨询的理论探讨、政策研究、技术创新、学术研究和经验推介，为广大监理企业和从业者提供信息交流的平台，宣传推广优秀企业和项目。

一、栏目设置：政策法规、行业动态、人物专访、监理论坛、项目管理与咨询、创新与研究、企业文化、人才培养等。

二、投稿邮箱：zgjsjlxh@163.com，投稿时请务必注明联系电话和邮寄地址等内容。

三、投稿须知：

1. 来稿要求原创，主题明确、观点新颖、内容真实、论据可靠；图表规范、数据准确、文字简练通顺，层次清晰、标点符号规范。

2. 作者确保稿件的原创性，不一稿多投、不涉及保密、署名无争议，文责自负。本编辑部有权作内容层次、语言文字和编辑规范方面的删改。如不同意删改，请在投稿时特别说明。请作者自留底稿，恕不退稿。

3. 来稿按以下顺序表述：①题名；②作者（含合作者）姓名、单位；③摘要（300字以内）；④关键词（2~5个）；⑤正文；⑥参考文献。

4. 来稿以4000~6000字为宜，建议提供与文章内容相关的图片（JPG格式）。

5. 来稿经录用刊载后，即免费赠送作者当期《中国建设监理与咨询》一本。

本征稿启事长期有效，欢迎广大监理工作者和研究者积极投稿！

欢迎订阅《中国建设监理与咨询》

《中国建设监理与咨询》面向各级建设主管部门和监理企业的管理者和从业者，面向国内高校相关专业的专家学者和学生，以及其他关心我国监理事业改革和发展的人士。

《中国建设监理与咨询》内容主要包括监理相关法律法规及政策解读；监理企业管理发展经验介绍和人才培养等热点、难点问题研讨；各类工程项目管理经验交流；监理理论研究及前沿技术介绍等。

《中国建设监理与咨询》征订单回执（2022年）

<table>
<tr><td rowspan="3">订阅人
信息</td><td>单位名称</td><td colspan="4"></td></tr>
<tr><td>详细地址</td><td colspan="2"></td><td>邮编</td><td></td></tr>
<tr><td>收件人</td><td colspan="2"></td><td>联系电话</td><td></td></tr>
<tr><td>出版物
信息</td><td>全年（6）期</td><td>每期（35）元</td><td>全年（210）元/套
（含邮寄费用）</td><td>付款方式</td><td>银行汇款</td></tr>
<tr><td colspan="6">订阅信息</td></tr>
<tr><td colspan="6">订阅自2022年1月至2022年12月，__________套（共计6期/年）　　付款金额合计￥______________________元。</td></tr>
<tr><td colspan="6">发票信息</td></tr>
<tr><td colspan="6">□开具发票（电子发票由此地址 absbook@126.com 发出）
发票抬头：______________________纳税人识别号：______________________
发票类型：一般增值税发票
接收电子发票邮箱：</td></tr>
<tr><td colspan="6">付款方式：请汇至“中国建筑书店有限责任公司”</td></tr>
<tr><td colspan="6">银行汇款 □
户　名：中国建筑书店有限责任公司
开户行：中国建设银行北京甘家口支行
账　号：1100 1085 6000 5300 6825</td></tr>
</table>

备注：为便于我们更好地为您服务，以上资料请您详细填写。汇款时请注明征订《中国建设监理与咨询》并请将征订单回执与汇款底单一并传真或发邮件至中国建设监理协会信息部，传真 010-68346832，邮箱 zgjsjlxh@163.com。

联系人：中国建设监理协会　刘基建、王慧梅，电话：010-68346832

中国建筑工业出版社　焦阳，电话：010-58337250

中国建筑书店　王建国、赵淑琴，电话：010-68344573（发票咨询）

《中国建设监理与咨询》协办单位

 北京市建设监理协会 会长：李伟	 中国铁道工程建设协会 会长：麻京生	 机械监理 中国建设监理协会机械分会 会长：李明安	 京兴国际 JINGXING 京兴国际工程管理有限公司 董事长：陈志平　总经理：李强
 北京兴电国际工程管理有限公司 董事长兼总经理：张铁明	 北京五环国际工程管理有限公司 总经理：汪成	 中国电建 POWERCHINA 咨询北京有限公司 BEIJING CONSULTING CORPORATION LIMITED 中国水利水电建设工程咨询北京有限公司 总经理：孙晓博	 鑫诚建设监理咨询有限公司 董事长：严弟勇　总经理：张国明
 北京希达工程管理咨询有限公司 总经理：黄强	 中船重工海鑫工程管理（北京）有限公司 总经理：姜艳秋	 中咨工程管理咨询有限公司 总经理：鲁静	 赛瑞斯咨询 北京赛瑞斯国际工程咨询有限公司 总经理：曹雪松
 ZY GROUP 中建卓越 卓越二十二年 中建卓越建设管理有限公司 董事长：邬敏	天津市建设监理协会 理事长：郑立鑫	 河北省建筑市场发展研究会 会长：蒋满科	 山西省建设监理协会 会长：苏锁成
 山西省煤炭建设监理有限公司 总经理：苏锁成	 北京方圆工程监理有限公司 董事长：李伟	 京精大房 北京建大京精大房工程管理有限公司 董事长、总经理：赵群	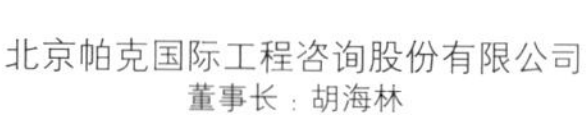 PUHCA 帕克国际 北京帕克国际工程咨询股份有限公司 董事长：胡海林
 福建省工程监理与项目管理协会 会长：林俊敏	 广西大通建设监理咨询管理有限公司 董事长：莫细喜　总经理：甘耀域	 湖北长阳清江项目管理有限责任公司 执行董事：覃宁会　总经理：覃伟平	 GUOXINGGUANLI 江苏国兴建设项目管理有限公司 董事长：肖云华
 江西同济建设项目管理股份有限公司 总经理：何祥国	 正元监理 晋中市正元建设监理有限公司 执行董事：赵陆军	 陕西中建西北工程监理有限责任公司 总经理：张宏利	 临汾方圆建设监理有限公司 总经理：耿雪梅
 吉林梦溪工程管理有限公司 总经理：张惠兵	 山西安宇建设监理有限公司 董事长兼总经理：孔永安	 DBCM 大保建设管理有限公司 董事长：张建东　总经理：肖健	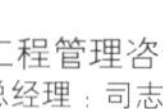 山西华太工程管理咨询有限公司 总经理：司志强
 山西晋源昌盛建设项目管理有限公司 执行董事：魏亦红	 上海振华工程咨询有限公司 Shanghai Zhenhua Engineering Consulting Co., Ltd. 上海振华工程咨询有限公司 总经理：梁耀嘉	 BUREAU VERITAS　SPM 上海建设监理咨询 上海市建设工程监理咨询有限公司 董事长兼总经理：龚花强	 FLOURISHING WORLD 盛世天行 山西盛世天行工程项目管理有限公司 董事长：马海英
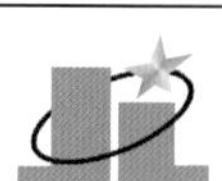 武汉星宇建设工程监理有限公司 董事长兼总经理：史铁平	 胜利监理 SHENGLI PROJECT MANAGEMENT 山东胜利建设监理股份有限公司 董事长兼总经理：艾万发	 山西亿鼎诚建设工程项目管理有限公司 董事长：贾宏铮	 江苏建科建设监理有限公司 董事长：陈贵　总经理：吕所章
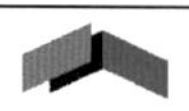 LCPM 连云港市建设监理有限公司 董事长兼总经理：谢永庆	 山西卓越 SHANXI ZHUOYUE 山西卓越建设工程管理有限公司 总经理：张广斌	 陕西华茂建设监理咨询有限公司 董事长：阎平	 安徽省建设监理协会 会长：苗一平
 合肥工大建设监理有限责任公司 总经理：王章虎	江南管理 浙江江南工程管理股份有限公司 董事长总经理：李建军	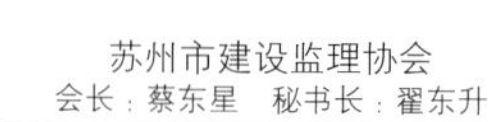 苏州市建设监理协会 会长：蔡东星　秘书长：翟东升	 浙江嘉宇工程管理有限公司 ZHEJIANG JIAYU PROJECT MANAGERMENT CO.,LTD 浙江嘉宇工程管理有限公司 董事长：张建　总经理：卢甬
 浙江求是工程咨询监理有限公司 董事长：晏海军	 甘肃省建设监理有限责任公司 Gansu Construction Supervision Co., Ltd. 甘肃省建设监理有限责任公司 董事长：魏和中	 福州市建设监理协会 理事长：饶舜	 厦门海投建设咨询有限公司 党总支书记、执行董事、法定代表人兼总经理：蔡元发

《中国建设监理与咨询》协办单位

西安高新建设监理有限责任公司

西安高新建设监理有限责任公司成立于2001年3月，是提供全过程工程管理和技术服务的综合性工程咨询企业国家级高新技术企业。企业经过20年的发展，现有员工近500人，已成长为行业知名、区域领先的工程咨询企业。其中，各类国家注册工程师约150人，具有工程监理综合资质，为中国建设监理协会理事单位、陕西省建设监理协会副会长单位、西安市建设监理协会副会长单位。

公司始终坚持实施科学化、规范化、标准化管理，以直营模式和创新思维确保工作质量，全面致力于为客户提供卓越工程技术咨询服务。凭借先进的理念、科学的管理和优良的服务水平，企业得到了社会各界和众多客户的广泛认同，先后荣获住房和城乡建设部"全国工程质量管理优秀企业"，中央、省市先进工程监理企业，全国建设监理创新发展20年工程监理先进企业等荣誉称号，入选陕西省首批全过程工程咨询试点企业名录，40多个项目分获中国建筑工程"鲁班奖"、国家优质工程奖、全国市政金杯示范工程奖以及其他省部级奖项。

目前，高新监理正处于由区域性品牌迈向全国知名企业的关键发展时期。企业将以"铁军团队精神和特色价值服务"双轮驱动战略为引领，持续深化标准化建设、信息化建设、学习型组织建设和品牌建设，发挥党建优势，锻造向上文化，坚持技术创新，勇担社会责任，为创建全国一流监理企业继续努力奋进。

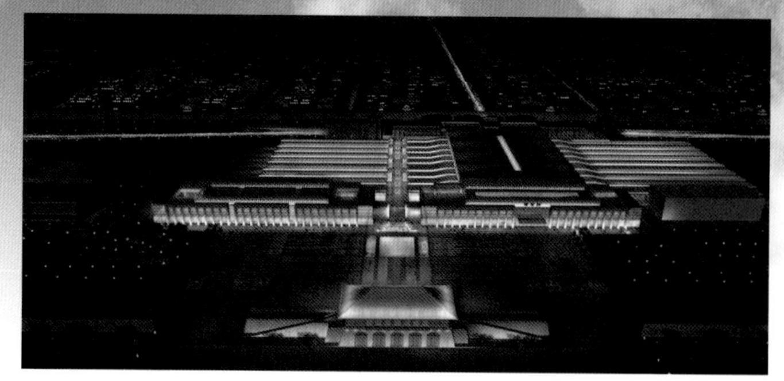

西安火车站北广场

西安交通大学科技创新港科创基地（国家优质工程"鲁班奖"）

高新国际会议中心（国家优质工程奖、中国安装之星）

环球西安中心

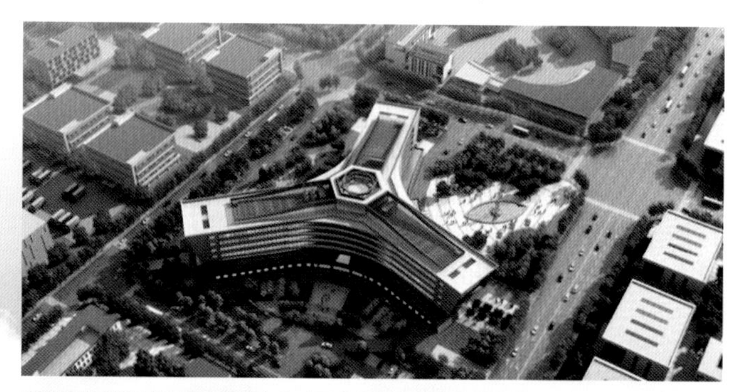

西部飞机维修基地创新服务中心（国家优质工程"鲁班奖"）

中科院地环所西安地球环境创新研究院

西安幸福林带

西安绿地中心

合肥香格里拉大酒店

创新产业园三期一标段项目管理及监理一体化

凤台淮河公路二桥

合肥工业大学工程管理与智能制造研究中心全过程工程咨询项目

合肥京东方 TFT-LCD 项目

合淮阜高速公路

灵璧县凤凰山隧道及接线工程

马鞍山长江公路大桥

合肥市轨道交通 3 号线

佛山市顺德区南国东路延伸线（顺兴大桥）工程

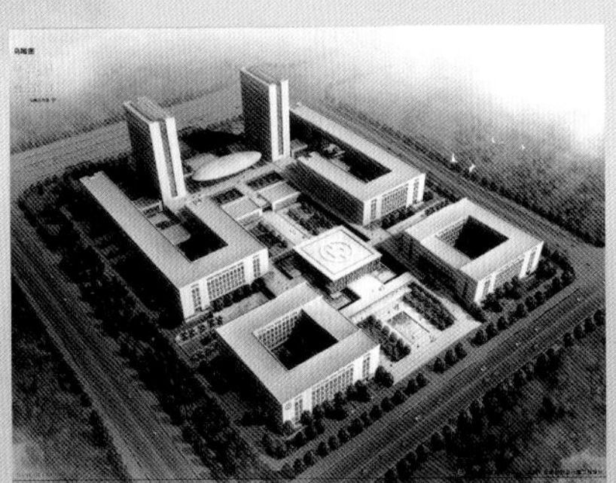

中国银行集团客服中心（合肥）一期工程

合肥燃气集团综合服务办公楼

武汉星宇建设咨询有限公司

武汉星宇建设咨询有限公司，前身为武汉星宇建设工程监理有限公司，成立于 1996 年 6 月，现拥有工程监理综合资质、设备监理乙级资质、人防工程丙级资质，是湖北省土地整治监理备案单位，可承担所有专业工程类别建设工程项目的工程监理，并可提供工程项目管理、工程造价、项目评估等咨询服务。2003 年通过中国建设管理协会认证中心的质量体系认证，获得 GB/T 19001 质量管理体系认证证书，2011 年 7 月已通过质量、安全、职业健康“三合一”体系认证。

公司技术力量雄厚，专业配置齐全，现有各类专业技术人员 556 人，其中高级技术职称 80 人、中级技术职称 242 人，硕士研究生 2 人，全国注册监理工程师 91 人，全国一级注册结构师 2 人，全国一级注册建造师 24 人，全国注册安全工程师 5 人，全国造价工程师 13 人，设备监理工程师 12 人，人防工程监理工程师 14 人。公司监理人员大多主持、组织或参与过许多大型和特大型工程项目的设计、施工管理及监理工作，具有丰富的实践经验。

公司以“诚信守法、合作共赢”为经营宗旨；以“合同履行率 100%，业主满意率 >90%”为质量目标；按照“守法、诚信、公正、科学”的执业准则，不断进取、精益求精，竭诚向业主提供规范、专业、优质的服务。公司成立以来先后承担了工程监理项目 2600 余项，工程造价超过 2800 亿元。在已竣工的监理项目中，四冷轧工程获中国建设工程“鲁班奖”，二热轧、江北配送、二硅钢及三冷轧 4 项工程荣获国家优质工程银奖；武钢 8 号高炉等 53 项工程荣获冶金行业优质工程奖；汉川市涵闸河城市棚户改造项目等 37 项工程荣获湖北省优质工程“楚天杯”奖和优质结构工程奖；松滋市全民健身中心荣获湖南省建设工程芙蓉奖；武钢工业港排口污水处理工程荣获化学工业优秀项目奖；武汉航天首府等 10 项工程荣获武汉市优质工程“黄鹤杯”奖；武汉龙角湖泵站等 3 项工程获武汉市市政工程金奖；武钢三冷轧等 160 项工程荣获武钢优质工程和优质结构工程奖。

目前，公司业务已遍及国内的湖北、江苏、北京、四川、新疆等 26 个省市及国外的老挝人民民主共和国，业务覆盖冶金、房建、市政、电力、机电安装、石油化工、矿山工程、铁路工程、水土保持、信息系统等专业的工程监理及造价咨询和设备监理、项管代建等业务。公司呈现良性发展之势。

服务社会，共享利益，星宇公司愿与社会各界携手共创美好未来！

湖北能源集团利川中槽风电场项目

湖北省武汉市武钢体育公园

四川省西昌钒钛资源综合利用项目及炼钢连铸工程

武钢 8 号高炉

湖北省武汉市智慧生态城人才公寓

湖北省武汉市天风大厦

湖北省襄阳市鱼梁洲污水处理厂沉管过江分流工程

湖北省黄冈市浠水河生态整治工程

武钢燃气蒸汽联合循环发电站（CCPP）工程

新疆楚星能源五星热电联产项目

广西防城港钢铁基地铁路项目

湖北省十堰市综合管廊 PPP 项目

中国驻慕尼黑总领馆馆舍新建工程（入选 2020 年中国建设工程“鲁班奖”（境外工程）

援塔吉克斯坦政府办公大楼项目（项目管理）

北京大学第三医院秦皇岛医院建设工程（工程监理）

安徽交通职业技术学院新桥校区一期（监理与项目管理）

援白俄罗斯国家足球体育场项目（项目管理）

昌平区创新基地 C-23、C-27 地块定向安置房项目（工程监理）

空港 I7-7 地块学校项目（全过程工程咨询）

萧县凤城医院建设项目（全过程工程咨询）

安阳市健康医养产业园项目（全过程工程咨询）

中央民族大学新校（工程监理）

京兴国际工程管理有限公司

京兴国际工程管理有限公司是由中国中元国际工程有限公司全资组建，具有独立法人资格的经济实体，具有工程监理综合资质、人民防空工程监理甲级资质、工程造价咨询资质、建筑机电安装工程专业承包资质以及商务部对外承包工程经营资格和进出口贸易经营权，是集工程咨询、工程监理、工程项目管理、工程总承包及贸易业务为一体的国有大型工程管理公司。

公司的主要业务涉及公共与住宅建筑工程、医疗建筑与生物工程、机场与物流工程、驻外使馆与援外工程、工业与能源工程、市政公用工程、通信工程和农林工程等。先后承接并完成了国家天文台 500m 口径球面射电望远镜、中国驻美国大使馆新馆、中国驻法国使馆新购馆舍改造工程、首都博物馆新馆、国家动物疫病防控生物安全实验室等一批国家重大（重点）建设工程，以及北京、上海、广州、昆明、南京、西安、银川等国内大型国际机场的工程监理和项目管理任务。有近 150 项工程分别获得国家“鲁班奖”、国家优质工程奖和省部级工程奖。2017 年公司被住建部选定为“开展全过程工程咨询试点”企业，根据业务转型需求，通过优化人员结构，加大引进高层次技术及管理人才，大力开拓全过程工程咨询业务。近两年成功承接了外交部多个驻外使领馆的新建、改扩建项目以及医院、健康医养产业园、学校等多种类型工程项目的全过程工程咨询服务业务。

公司拥有一支懂技术、善管理、实践经验丰富的高素质团队，各专业配套齐全。

公司坚持“科学管理、健康安全、预防污染、持续改进”的管理方针，内部管理科学规范，是行业内较早取得质量、环境和职业健康安全“三体系”认证资格的监理企业，并持续保持认证资格。

公司各项内部管理制度健全完善，建立了以法人治理结构为核心的现代企业管理制度。公司注重企业文化建设，以人为本，构建和谐型、敬业型、学习型团队，打造“京兴国际”品牌。多次被建设监理行业协会评为先进企业。

公司的信息化建设在行业内有较好的引领和示范作用，创新发展能力较强，信息化办公程度高。公司自主研发了“项目管理大师”专业软件，搭建了网络化项目管理平台，实现了工程项目上各参建方协同办公、信息共享及公文流转和审批等功能。该软件支持电脑客户端和移动 APP（手机）客户端并获得国家版权局颁发的《计算机软件著作权登记证书》。

在当前国际国内大环境的背景下，面对建筑行业的新常态，公司将积极应对市场环境变化，实现多元化经营，保持健康平稳发展。始终秉承“诚信、创新、务实、共赢”的企业精神，以科技为引领，持续创新发展，一如既往地用诚信和专业为客户提供优质的工程咨询、工程监理、工程项目管理服务。

北京五环国际工程管理有限公司

北京五环国际工程管理有限公司（原北京五环建设监理公司）成立于1989年，隶属于中国兵器工业集团中国五洲工程设计集团有限公司。公司是北京市首批五家试点监理单位之一，具有工程监理综合资质、人防工程监理甲级资质。目前主要从事建筑工程、机电工程、市政公用工程、电力工程、民航工程、石油化工工程、国防军工工程、海外工程等项目监理、项目管理、辅助监督、工程咨询、造价咨询、招标代理、项目后评估等全过程咨询服务工作。

公司在发展过程中，较早引入科学的管理理念，成为监理企业中最早开展质量体系认证的单位之一。三十多年来，始终遵守“公平、独立、诚信、科学”的基本执业准则，注重提高管理水平，实现了管理工作规范化、标准化和制度化，形成了对服务项目的有效管理和支持，为委托人提供了优质精准服务，在建设行业赢得较高的知名度和美誉度，为我国工程建设和监理咨询事业发展做出应有的贡献。

公司在持续专注工程监理核心业务发展的同时，业务领域不断拓展，项目管理和工程咨询所占比重进一步提升，继海外业务取得一定成绩后，军民融合业务也得到迅速发展。近期承接了WJ工程质量安全辅助监督、河东资源循环利用中心一期工程、乌干达508项目建设工程项目管理、中国人民大学通州新校区北区学部楼一期、延庆平原区地表水供水工程（二期）净水厂工程及配水厂扩建工程、南昌泉岭生活垃圾焚烧发电厂扩建项目、十堰国际会展中心EPC建设项目、北京市朝阳区豆各庄1306—638项目、北京地铁1、2号线接触轨防护系统改造工程等大中型项目的监理、项目管理、全过程工程咨询服务工作。

公司积极参与军民融合、各级协会组织的课题研究、经验交流、宣贯、讲座等各项活动，及时更新理念、借鉴经验，持续提升公司技术服务水平，提升五环公司的知名度和社会影响力。近年来获得了由中国建设监理协会、北京市建设监理协会、北京市建筑业联合会、中国兵器工业建设协会等各级协会评选的“优秀建设工程监理单位”“建设行业诚信监理企业”等荣誉称号。

2021年度，公司承接的北京新机场南航基地项目获评中国建设工程鲁班奖，门头沟永定镇MC00—0017—6020地块R2类二类居住用地项目获评中国土木工程詹天佑奖优秀住宅小区金奖，数字化研发大楼等4项工程获评国家优质工程奖。

北京五环国际工程管理有限公司面对市场经济发展以及工程建设组织实施方式改革带来的机遇和挑战，恪守“管理科学、技术先进、服务优良、顾客满意、持续改进”的质量方针，不断提高服务意识，实现自身发展。将以良好的信誉和规范化、标准化、制度化的优质服务，在工程建设咨询领域取得更卓著的成绩，为工程建设咨询事业做出更大的贡献。

南通烟滤嘴异地技术改造项目

王府井国际品牌中心（王府中环）

地铁19号线

宜兴市1700吨日生活垃圾焚烧发电项目

国资大厦

数字化研发大楼（科研）（数字化研发大楼）工程

平顶山市城市生活垃圾焚烧发电项目

门头沟永定镇MC00—0017—6020地块R2类二类居住用地项目

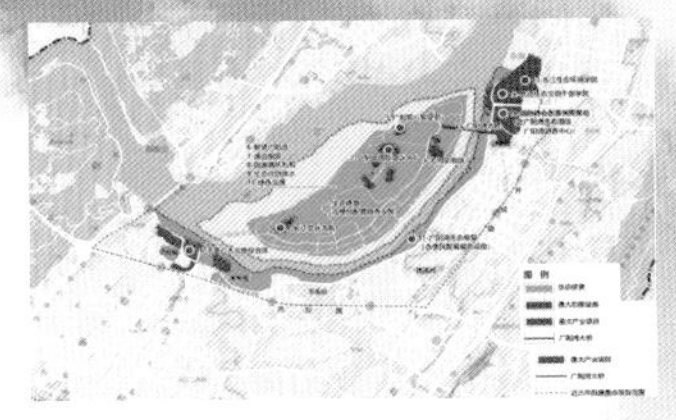

重庆广阳湾重大功能设施工程

重庆龙兴专业足球场

深圳机场卫星厅

重庆轨道交通 1、2、3、5、6、9、10 号线及轨道环线

重庆江北国家机场东航站区及第三跑道建设项目

深圳科技馆（深圳新十大文化设施）

深圳国际会展中心

重庆来福士广场

玻利维亚穆通钢铁项目

印度尼西亚 OBI 镍钴项目

CISDI 赛迪工程咨询

重庆赛迪工程咨询有限公司

重庆赛迪工程咨询有限公司始建于 1993 年，是中冶赛迪集团有限公司全资子公司。拥有工程监理综合资质（含 14 项甲级资质）、设备监理甲级资质和中央投资项目甲级招标代理资质、工程咨询单位甲级资信等级、装饰设计、人防工程监理等资质，是国内最早获得“英国皇家特许建造咨询公司”称号的咨询企业，同时也是国家住建部首批 40 家全过程工程咨询试点企业之一。具备建设全过程工程生命周期决策阶段、实施阶段和运营阶段的全过程工程咨询服务能力。可为业主提供项目建议书、可行性研究报告编制、总体策划咨询、规划、设计、项目代建、项目管理、工程监理、招标代理、造价咨询、招标采购、验收移交及运营管理等全方位的全过程工程咨询服务。赛迪工程咨询立足新发展阶段，积极融入数字化转型浪潮构建建筑业数字化生态，倾力打造数字化全过程工程咨询服务平台“轻链”，致力于让工程管理过程看得清、管得住、控得好；打造国内首款基于 BIM 的总图指标智能统计软件——轻尺，以知识与业务结合实现设计过程校审与协同。

依托赛迪工程咨询近 30 年来在国内 30 余个省市、海外 10 余个国家和地区的 2000 余个工程咨询项目的工程实践，赛迪工程咨询锤炼了一大批在工民建、市政、基础设施、冶金、钢结构领域从事设计、高端咨询、全过程工程咨询管理的专家团队，拥有国家监理大师、英国皇家特许建造师、国家建筑师、土地估价师、注册会计师、国家注册监理工程师、国家咨询工程师、国家注册造价工程师、国家注册结构工程师、国家注册招标师、国家注册岩土工程师及城乡规划师等千余名国家注册执业资格者，并有多人获得“全国优秀总监”“优秀监理工程师”“优秀项目经理”等荣誉。

凭借雄厚的技术力量，规范严格的管理，优质履约服务，赛迪工程咨询赢得了顾客、行业、社会的认可和尊重，自 2000 年以来，连续荣获住房和城乡建设部、中国监理协会、冶金行业、重庆市建委等行业主管部门和协会授予的“先进”“优秀”等荣誉，连续荣获“全国建设监理工作先进单位”“中国建设监理创新发展 20 年工程监理先进企业”“全国守合同重信用单位”“全国冶金建设优秀企业”“全国优秀设备工程监理单位”“重庆市先进监理单位”“重庆市招标投标先进单位”“重庆市文明单位”“重庆市质量效益型企业”“重庆市守合同重信用单位”等称号，AAA 级资信等级。

赛迪工程咨询坚持为客户创造价值，做客户信赖的伙伴，尊重员工，为员工创造发展机会，实现公司和员工和谐发展的办企宗旨，践行智力服务创造价值的核心价值观，努力做受人尊敬的企业，致力于成为项目业主首选的、为工程项目建设提供全过程工程咨询服务的一流工程咨询企业。

中冶赛迪集团公司

兰亭·新都汇（270000m²，获得巴渝杯优质工程奖）

华融现代城（588000m²，华融置业）

圣名国际商贸城（330000m²，单层建筑面积 50000m²）

渝北商会大厦（100000m²）

恒大·御龙天峰（486200m²，60 层）

千江凌云（545544.76m²，金科、碧桂园、旭辉合作项目）

恒大世纪城（450000m²）

中建·瑾和城（448295m²，中建信和）

重庆正信建设监理有限公司

重庆正信建设监理有限公司成立于 1999 年 10 月，注册资金为 600 万元，是经建设部审批核准的房屋建筑工程监理甲级资质和重庆市住房和城乡建设委员会批准的化工石油工程监理乙级、市政公用工程监理乙级、机电安装工程监理乙级资质，从事工程建设监理和建设项目管理咨询服务为一体的工程建设专业监理公司，包括工程监理、招标代理、建设项目管理、项目可行性研究、策划、造价咨询、建筑设计咨询和其他技术咨询服务，监理业务范围主要在重庆市、四川省、贵州省、甘肃省和新疆维吾尔自治区。

公司在册员工 200 余人，其中国家注册监理工程师 45 人，重庆市监理工程师 100 余人，一级注册建筑师 1 人，注册造价工程师 4 人，一级注册建造师 8 人，注册安全工程师 3 人。建筑工程师、造价工程师、建筑师、结构工程师、给排水工程师、电气工程师、机电工程师、钢结构工程师、暖通工程师等具有丰富工程实践经验和较高专业技术理论水平的专业技术骨干人才齐全，专业配套齐备，人才结构合理，既有教授、教授级高工、博士等资深技术专家，又有年富力强、专业理论扎实、现场实践经验丰富的监理人员。为开展各类工程建设监理配备了高素质、高水平、敬职敬业的监理人员。

公司成立至今，已获得数十项工程奖。其中，蘭亭·新都汇获得巴渝杯优质工程奖、巴南广电大厦获得巴渝杯优质工程奖、公安部四川消防科研综合楼获得成都市优质结构工程奖、重庆远祖桥小学主教学楼获得重庆市三峡杯优质结构工程奖、涪陵区环境监控中心工程获得重庆市三峡杯优质结构工程奖、展运电子厂房获得重庆市山城杯安装工程优质奖、荣昌县农副产品综合批发交易市场 1 号楼获得三峡杯优质结构工程奖、晋鹏山台山尚璟七期 G3 号楼获得三峡杯优质结构工程奖。公司与知名品牌企业签订了战略采购协议和形成了长期合作，战采单位有金科地产集团、蓝光地产集团、海成地产集团、中信银行重庆分行、重百股份、厦门银行等；长期合作单位有龙湖地产集团、恒大地产集团、碧桂园地产、旭辉地产集团、华融置业、中建瑾和置业等央企和知名民企。工程质量百分之百合格，无重大质量事故、文明安全事故发生，业主投诉率为零，业主满意率为百分之百，监理履约率为百分之百，服务承诺百分之百落实。正信监理视工程质量为立足之根本，以助业主达到最佳投资效益的目的，以业主满意为合作的最高标准。

公司引进先进的企业经营管理模式，已建立健全了现代企业管理制度，有健康的自我发展激励机制和良好的企业文化。监理工作已形成一套行之有效的、科学的、规范化的、程序化的监理制度和企业管理制度，现已按照《质量管理体系》GB/T 19001—2008、《环境管理体系》GB/T 24001—2004/ISO14001 ： 2004、《职业健康安全管理体系》GB/T 28001—2011/OHSAS18001 ： 2007 三个标准对工程监理运行实施严格的工程质量、环境及职业健康保证体系。严格按照"科学管理、信守合同、业主满意、社会放心"的准则执业，建立"以人为本，健康安全，风险辩识预控；遵守法纪，规范行为，绩效持续改进"的执业理念，公司以"科学管理、信守合同、业主满意、社会放心"为质量方针，确保工程质量百分之百为合格，服务承诺百分之百落实，及时为业主提供高标准、高水平、高效率的优质服务。

通用网址：中国正信　　重庆正信
英文网址：www.zgjlxxw.org　www.cqzxjl.com

广东工程建设监理有限公司

广东工程建设监理有限公司，于1991年10月经广东省人民政府批准成立，是原广东省建设委员会直属的省级工程建设监理公司。经过近30年的发展，现已成为拥有属于自己产权的写字楼和净资产达数千万元的大型综合性工程管理服务商。

公司具有工程监理综合资质，在工程建设招标代理行业及工程咨询单位行业资信评价中均获得最高等级证书，同时公司还具有造价咨询乙级资质、人防监理乙级资质以及广东省建设项目环境监理资格行业评定证书等，已在工程监理、工程招标代理、政府采购、工程咨询、工程造价和项目管理、项目代建方面为客户提供了大量的优质的专业化服务，并可根据客户的需求，提供从项目前期论证到项目实施管理、工程顾问管理和后期评估紧密相连的全方位、全过程的综合性工程管理服务。

公司现有各类技术人员800多人，技术力量雄厚，专业人才配套齐全，具有全国各类注册执业资格人才300多人，其中注册监理工程师100多人，拥有中国工程监理大师及各类注册执业资格人员等高端人才。

公司管理先进、规范、科学，已通过质量管理体系和环境管理体系、职业健康安全管理体系、信息安全管理体系、知识产权管理体系五位一体的体系认证，采用OA办公自动化系统进行办公和使用工程项目管理软件进行业务管理，拥有先进的检测设备、工器具，能优质高效地完成各项委托服务。

公司把“坚持优质服务、实行全天候监理、保持廉洁自律、牢记社会责任、当好工程质量卫士”作为工作的要求和行动准则，所服务的项目均取得了显著成效，一大批工程被评为“鲁班奖”“詹天佑土木工程大奖”，国家优质工程奖、全国市政金杯示范工程奖、全国建筑工程装饰奖和省、市建设工程优质奖等，深受建设单位和社会各界的好评。

公司有较高的知名度和社会信誉，先后多次被评为全国先进建设监理单位和全国建设系统“精神文明建设先进单位”，荣获“中国建设监理创新发展20年工程监理先进企业”和“全国建设监理行业抗震救灾先进企业”称号。被授予2014—2015年度“国家守合同重信用企业”和连续20年“广东省守合同重信用企业”；多次被评为“全省重点项目工作先进单位”；连续多年被评为“广东省中小企业3A级企业”和“广东省诚信示范企业”。

公司始终遵循“守法、诚信、公正、科学”的执业准则，坚持“以真诚赢得信赖，以品牌开拓市场，以科学引领发展，以管理创造效益，以优质铸就成功”的经营理念，恪守“质量第一、服务第一、信誉第一”和信守合同的原则，在激烈的市场竞争大潮中，逐步建立起自己的企业文化，公司一如既往，竭诚为客户提供高标准的超值服务。

地　址：广州市越秀区白云路111-113号白云大厦16楼
邮　编：510100
电　话：020-83292763、83292501
传　真：020-83292550
网　址：http://www.gdpm.com.cn
邮　箱：gdpmco@126.com

微信公众号：gdpm888

上海世贸广州汇金中心（广州国际金融城）

佛山世纪莲体育中心

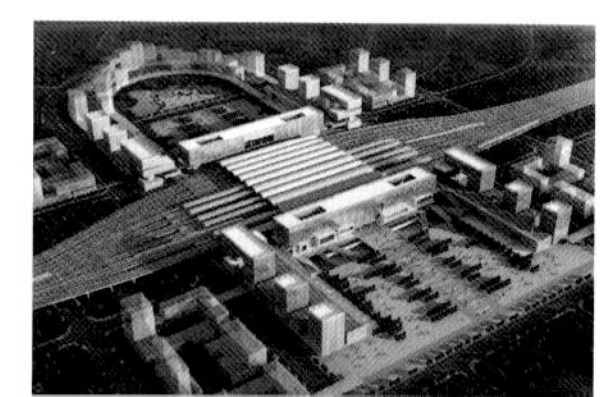

佛山西站综合交通枢纽工程

华阳桥特大桥工程

广东省奥林匹克体育中心

广东省博物馆新馆

广东省美术馆、广东省非物质文化遗产展示中心、广东省文学馆“三馆合一”项目

广深高速公路

背景图：武汉市轨道交通六号线一期工程第一、二、三、四、七、八标段土建工程（第三标段）